普通高等教育“十三五”规划教材

AutoCAD 石油化工制图教程

张仁坤　石一民　主编

中国石化出版社

内 容 提 要

本教材以应用型人才培养为目标，以满足设计基本应用为原则，力争达到“易学、够用”。教材融入了编者多年的CAD制图教学经验和专业设计绘图实践经验，图文并茂，浅显易懂，专业实用性强。全书分为第1章AutoCAD 2010基础知识，第2章绘图环境及绘图辅助工具，第3章平面图形绘制，第4章图形编辑，第5章文本标注，第6章尺寸标注，第7章图案填充及图块，第8章图形输出，第9章石油化工图样绘图样板制作，第10章石油化工图样绘制。书后还附录了CAD工程制图规则和快捷命令大全以供参考。

本书适合高等院校石油化工类各专业或其他工科类专业教学使用，也可供相关专业工程设计人员和自学者学习参考。

图书在版编目(CIP)数据

AutoCAD石油化工制图教程/张仁坤，石一民主编.
—北京：中国石化出版社，2016.8(2022.8重印)
ISBN 978-7-5114-4204-8

Ⅰ.①A… Ⅱ.①张… ②石… Ⅲ.①石油化工设备-机械制图-AutoCAD软件-教材 Ⅳ.①TE65-39

中国版本图书馆CIP数据核字(2016)第165109号

中国石化出版社出版发行

地址：北京市东城区安定门外大街58号
邮编：100011　电话：(010)57512500
发行部电话：(010)57512575
http://www.sinopec-press.com
E-mail：press@sinopec.com
北京富泰印刷有限责任公司印刷
全国各地新华书店经销

*

787×1092毫米 16开本 10.25印张 218千字
2016年8月第1版　2022年8月第2次印刷
定价：32.00元

前 言

Foreword

随着现代科学技术的迅猛发展，计算机应用已经渗透到各种学科的每一个领域，石油化工制图也不例外。计算机绘制石油化工图样不仅具有绘制精确、图面整洁等优点，而且还具有易于修改、重复利用、按需打印等手工绘制无法比拟的特点。作为一名工科类的大学生或相关专业的工程技术人员，学会利用计算机绘制本专业的各种图样已是基本要求。

AutoCAD 是由美国 Autodesk 公司开发的通用计算机辅助绘图与设计软件包，由于其功能强大，适用面广，易学易用，一直深受工程设计人员的青睐，成为当今各种设计领域使用最广泛的绘图软件之一。该软件自 1982 年问世以来，几乎每年都会推出新的版本，从最初的 AutoCAD R1.0，历经 AutoCAD R14.0、AutoCAD 2000、AutoCAD 2004、AutoCAD 2008、AutoCAD 2010 等多个重要版本，一直发展到今天几乎每年一个版本。实际上，该软件发展到 AutoCAD 2008 已是一个比较完善的工程绘图软件，完全可以胜任一般二维绘图工作。2008 版与以后的几个版本相比，只是操作界面略有不同，基本的命令和操作完全相同。

本教程以 AutoCAD 2010 中文版软件为平台，主要介绍 AutoCAD 2010 常用绘图命令及操作方法、石油化工专业图形绘制及上机实例等。

本教程融入了编者多年的 CAD 教学经验和专业设计绘图实践经验，教材定位准确，逻辑层次分明，图文并茂，浅显易懂，专业实用性强，以满足设计基本应用为原则，摒弃了在工程设计中极少用到的所谓“高级应用技巧”。适合于本专科院校石油化工类各专业或其他工科类专业教学使用，也可供相关专业工程技术人员和自学者学习参考。

本教材由张仁坤、石一民主编，竺柏康、张红玉参加了部分章节的编写，具体分工如下：张仁坤编写第 4 ~9 章及附录，石一民编写第 1 章和第 2 章，张红玉编写第 3 章和第 7 章，竺柏康编写第 10 章。全书由张仁坤统编。在编写过程中，葛吉红、梁少婷、拜璐等为资料收集整理做了大量的工作，在此一并表示感谢。

由于编者水平所限，书中难免存在不足之处，恳请广大读者批评指正。

编　者

目　录

Contents

第1章　AutoCAD 2010基础知识

第2章 绘图环境及绘图辅助工具

第3章 平面图形绘制

第4章 图形编辑

第5章 文本标注

第6章 尺寸标注

第7章 图案填充及图块

附录1 GB/T 18229—2000_CAD工程制图规则

附录2 AutoCAD2010 快捷命令大全

第1章　AutoCAD 2010基础知识

本章主要内容

- AutoCAD 2010 工作界面
- 命令的基本操作
- 图形文件管理
- 图形的显示控制

1.1　AutoCAD 软件概述

AutoCAD 是由美国 Autodesk 推出的，集二维绘图、三维建模和渲染、关联数据库管理和互联网通信功能于一体的计算机辅助设计与绘图软件。该软件不仅具有强大的二维绘图功能，而且具有较强的三维图形处理能力，还可以进行二次开发，形成更为广阔的专业应用领域，因此深受工程设计人员的青睐，在机械、电子、建筑和石油化工等工程设计领域得到了极为广泛的应用。

自 1982 年 12 月 Autodesk 公司发布 AutoCAD 1.0 版以来，AutoCAD 至今已进行了近 20 余次的升级，功能越来越强大，操作却越来越方便。目前几乎每年均有新版本推出，但基本的绘图功能并无太多差异，本教材以目前工程上较普遍的 AutoCAD 2010 中文版软件为蓝本，介绍 AutoCAD 常用绘图命令、操作方法以及石油化工专业图形的绘制。

AutoCAD 2010 具有以下主要功能：

(1)二维图形绘制功能；

(2)二维图形编辑功能；

(3)尺寸标注、文字输入和表格功能；

(4)图层管理、图块和外部管理功能；

(5)三维造型功能；

(6)图形渲染功能；

(7)数据和信息查询功能；

(8)多种图像数据交换功能；

(9)网络传输功能；

(10)图形输出功能；

(11)二次开发功能；

(12)完善而友好的帮助功能。

1.2 AutoCAD 2010 工作界面

1.2.1 启动 AutoCAD 2010

启动 AutoCAD 2010 的方法很多，常用的启动方法有以下三种。

(1)在桌面上双击 AutoCAD 2010 快捷图标。

(2)单击【开始】⇨【程序】⇨【Autodesk】⇨【AutoCAD 2010 Simplified Chinese】⇨【AutoCAD 2010】。

(3)双击任意一个后缀名为 dwg 的 AutoCAD 图形文件。

1.2.2 AutoCAD 2010 工作界面

AutoCAD 2010 提供了"二维草图与注释"、"三维建模"和"AutoCAD 经典"三种工作空间模式，由于本教材旨在介绍二维绘图命令，因此使用与之前版本类似的 AutoCAD 经典模式。如果目前不是 AutoCAD 经典模式，请切换到此模式，如图 1-1 所示。

图 1-1 AutoCAD 2010 经典模式界面

AutoCAD 2010 经典模式界面主要由标题栏、菜单栏、工具栏、绘图窗口、状态栏、命令行等窗口元素构成。

1. 标题栏

标题栏位于工作界面的最上面，用于显示 AutoCAD 2010 图标、程序名称及当前所操作的图形文件名。单击标题栏右侧的三个按钮，可分别实现 AutoCAD 2010 窗口的最小化、还原(或最大化)和关闭 AutoCAD 2010 等操作。

2. 菜单栏

菜单栏位于标题栏下面，利用下拉菜单可以执行 AutoCAD 的大多数命令，图 1-2 所示为“格式”下拉菜单。在使用菜单命令时应注意以下几点。

(1)菜单项右侧有“▶”，表示该命令还有子菜单。

(2)菜单项右侧有“…”，表示选择该命令可打开一个对话框。

(3)菜单项右侧有快捷键，如“(Z)”，表示下拉菜单打开时，按下快捷键即可执行该命令。

(4)菜单项右侧有组合键，如“Ctrl + 0”，表示直接按组合键即可执行菜单命令。

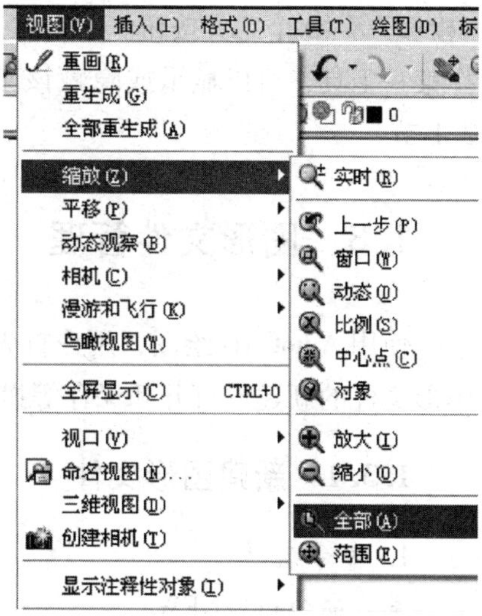

图 1-2 【视图】下拉菜单

3. 工具栏

工具栏包含许多代表命令的图标按钮。AutoCAD 2010 提供了近 40 个工具栏，利用工具栏可以快捷、方便地调用 AutoCAD 大部分命令。默认情况下，“标准”、“样式”、“工作空间”、“图层”、“特性”、“绘图”、“修改”等工具栏处于打开状态。将光标放置在任一工具栏上，单击鼠标右键，在弹出的快捷菜单上选择某工具栏名，即可显示或关闭该工具栏。另外，将光标放置于任一工具栏内，按住鼠标左键并移动鼠标，可以将该工具栏拖到界面内任何地方。

4. 绘图窗口

绘图窗口又称绘图区，是用户绘图的工作区域，用户绘制的图形在此区域中显示。在绘图窗口中，除了显示当前绘图结果外，在左下方还显示一个坐标系图标，表示当前使用的坐标系类型以及坐标方向。绘图窗口底部有【模型】、【布局】选项卡，用以实现模型空间与图纸空间之间的切换。绘图窗口模型空间的底色默认是黑色，如果用户不习惯，可以将其改成白色，方法是：单击菜单【视图】⇨【选项】，弹出【选项】对话框，单击【显示】选项卡上的【颜色】按钮，弹出【图形窗口颜色】对话框，在该对话框中，将“二维模型空间”的“统一背景”设为白色。

5. 命令窗口

命令窗口位于绘图区的底部，显示用户从键盘上输入的命令信息及用户在操作过程中程序给出的提示信息，是用户与 AutoCAD 程序进行对话的地方。命令窗口的最后一行称命令行。在绘图时，用户应密切注意命令窗口中的各种提示，根据提示进行相应的操作。命令窗口默认显示 3 行，可以通过拖拉窗口边框来改变窗口的大小。按 F2 键可以调出 AutoCAD 文本窗口，文本窗口与命令窗口类似，但在此窗口中能显示完整的命令历史。

6. 状态栏

状态栏位于 AutoCAD 工作界面的底部，显示当前十字光标的坐标值以及“捕捉”、“栅格”、“正交”、“极轴”、“对象捕捉”、“对象追踪”、“DUCS”、“DYN"、“线宽”、“模型”等 10 个工具按钮。单击状态栏右侧的【状态栏菜单】按钮，在弹出的快捷菜单中选择某一工具，可以显示或隐藏该工具。部分状态栏工具按钮的功能、设置及其使用见第 2.1 节。

1.3 图形文件管理

使用 AutoCAD 绘图，用户首先遇到的是 AutoCAD 图形文件管理。图形文件管理是指图形文件的新建、打开和保存等操作。

1.3.1 新建图形文件

1. 命令启动

- 命令行：NEW。
- 菜单栏：【文件】⇨【新建】(快捷键：Ctrl + N)。
- 工具栏：【标准】工具栏中的按钮。

2. 命令说明

(1) 执行 NEW 命令，屏幕上弹出【选择样板】对话框，如图 1-3 所示。

图 1-3 【选择样板】对话框

(2) 选择一样板文件(缺省是选择 acad. dwt.)，单击“打开”按钮，则以选中的样板文件为模板建立新图形文件。

如果用户不希望使用任何样板文件，则可点击【打开】按钮右边的“▼”，选择【无样板打开－公制】即可。

提示：样板文件是扩展名为.dwt 的 AutoCAD 文件，该文件中通常包含一些通用设置以及一些常用的图形对象，这些设置和图形会被复制到新建的图形文件中。使用样板文件既可节省绘图环境的设置时间，又便于建立图形的标准化。后面的章节将介绍如何创建样板文件。

1.3.2 打开图形文件

1. 命令启动

- 命令行：OPEN。
- 菜单栏：【文件】⇨【打开】(快捷键：Ctrl + O)。
- 工具栏：【标准】工具栏中的 按钮。

2. 命令说明

(1)执行 OPEN 命令，弹出【选择文件】对话框，如图1-4所示。

图1-4 【选择文件】对话框

(2)选择要打开的图形文件，单击【打开】按钮；或直接双击要打开的图形文件，都可打开该图形文件。

提示：也可以从【标准】工具栏上单击【设计中心】按钮来打开图形文件。

1.3.3 快速保存图形文件

1. 命令启动

- 命令行：QSAVE。
- 菜单栏：【文件】⇨【保存】(快捷键：Ctrl + S)。
- 工具栏：【标准】工具栏中的 按钮。

2. 命令说明

(1)执行 QSAVE 命令，AutoCAD 直接按当前文件名保存图形，在界面上没有任何反应。

(2)如果当前图形文件还没有命名保存过，执行 QSAVE 命令后会弹出图 1-5 所示【图形另存为】对话框，要求用户指定文件的保存位置和文件名。

1.3.4 换名保存图形文件

1. 命令启动

- 命令行：SAVEAS。
- 菜单栏：【文件】⇨【另保存】(快捷键：Ctrl + Shift + S)。

2. 命令说明

(1)执行 SAVEAS 命令，屏幕上弹出【图形另存为】对话框，如图 1-5 所示。

图 1-5 【图形另存为】对话框

(2)指定文件的保存位置及文件名后，单击【保存】按钮，即可保存当前图形文件。

1.4 命令的基本操作

AutoCAD 是交互式绘图软件，要 AutoCAD 执行某个操作，用户必须向其发出明确的指令，即命令。本节介绍命令的启动及命令的重复、放弃等一些基本操作。

1.4.1 命令的启动

在 AutoCAD 执行命令前，命令行中显示“命令:”提示符，表示系统处于等待接受命令的状态。用户可以通过以下 4 种方式启动 AutoCAD 命令。

- 在命令行中键入命令。

- 从下拉菜单中选取。
- 从右键快捷菜单中选取。
- 在工具栏中单击图标按钮。

当用户发出命令后，AutoCAD 将在命令行中显示下一步操作的提示，用户根据提示输入选项字母、数值或点的坐标，AutoCAD 则完成相应的动作。下面以 CIRCLE(画圆)命令为例，说明 AutoCAD 命令的提示格式及其操作过程。

```
命令：CIRCLE↙                                    //键入画圆命令，回车(↙表示回车，下同)
_CIRCLE 指定圆的圆心或[三点(3P)/两点(2P)/相切、相切、半径(T)]：
                                                 //用鼠标在屏幕上任取一点
指定圈的半径或[直径(D)]<：10.0000>：d↙           //选择“直径”选项
指定圆的直径<20.0000>：30↙                       //输入圆的直径
```

上述命令行中，不带括号的选项为默认选项，可以直接操作。如要输入圆心坐标，可以直接输入坐标数值或用鼠标在屏幕上指定一点；“[ ]”中的选项(如有多个，以符号“/”隔开)为其它选项。如果要选择“[ ]”中的选项，必须键入“( )”中的字母，输入字母时不分大小写。如上例要输入直径，则应先输入 D 或 d，再输入直径数字。“ < > ”中的数值为当前的缺省值，如果想输入此数值，直接回车即可。

1.4.2 命令的重复、放弃、重做

1. 命令的重复

当完成一个命令的操作后，如果需要重复执行该命令，则只需在“命令:”提示符出现后，按一下空格键或回车键，即可重复调用。也可以按鼠标右键，在弹出的快捷菜单中选择“重复××”(××为刚执行过的命令名)。

2. 命令的放弃

如果想放弃当前正在执行的命令，可按键盘上的 Esc 键，系统会重新返回到“命令:”提示符状态。

绘图时如果发现操作有错误，可以立即使用 UNDO 命令来撤销这次操作。启动 UNDO 命令有以下几种方式。

- 命令行：UNDO 或 U。
- 菜单栏：【编辑】⇨【放弃】(快捷键：Ctrl + Z)。
- 工具栏：【标准】工具栏中的按钮。

使用 UNDO 命令还可以一次撤销多个操作。执行该命令后，命令行显示如下。

```
命令：UNDO↙
输入要放弃的操作数目或[自动(A)/控制(C)/开始(BE)/结束(E)/标记(M)/后退(B)]<1>：4
                                                   //键入要撤销的操作数目
```

使用【标准】工具栏中的按钮右边的“▼”，也可以一次撤销多个操作，如图 1-6 所示。

图 1-6 “放弃”与“重做”多个操作

3. 命令的重做

使用 REDO 命令可以恢复刚执行 UNDO 命令所放弃的操作。调用 REDO 命令有以下几种方式。

- 命令行：REDO。
- 菜单栏：【编辑】⇨【重做】(快捷键：Ctrl + Y)。
- 工具栏：【标准】工具栏的按钮。

使用【标准】工具栏中的按钮右边的“▼”，可以一次恢复多个操作，如图 1-6 所示。

1.5 图形的删除与恢复

正如手工绘图离不开用橡皮修改一样，用户使用 AutocAD 绘图时，也需要经常用 ERASE 命令来删除错误或不符合要求的图形，还可以用 OOPS 命令来恢复刚被删除的图形。

1.5.1 图形的删除

1. 命令启动

- 命令行：ERASE 或 E。
- 菜单栏：【修改】⇨【删除】。
- 工具栏：【修改】工具栏中的按钮。

2. 命令说明

(1)执行 ERASE 命令后，屏幕上的十字线光标变成正方形的拾取框，同时命令行中提示“选择对象”。

(2)移动拾取框到要删除的对象上，按鼠标左键选中要删除的对象，此时被选中的对象以虚线显示。

(3)选择完对象后，按确认键(鼠标右键、回车键或空格键)即可删除对象。

提示：要删除图形对象，可以先调用删除命令后选择对象，也可以先选择对象后调用删除命令，还可以使用键盘上的 Del 键来删除对象。

1.5.2 图形的恢复

如果发现误删了不该删除的对象，此时可以使用 OOPS 命令来恢复刚用 ERASE 删去的一个或一组对象。

1. 命令启动

命令行：OOPS。

2. 命令说明

执行 OOPS 命令后，系统即恢复最后一次删除的对象。

提示：使用 OOPS 命令只能恢复最近一次删去的对象，若要恢复更多前面的对象，就要使用 UNDO(放弃)命令。

1.6 图形的显示控制

计算机屏幕的大小是有限的，如果要观察较大图形的整体效果，或者看清复杂图形的局部细节，就要进行图形的缩放、平移等操作。AutoCAD 提供了丰富的显示控制命令，以方便用户观察和操作图形对象。显示控制命令只改变图形在屏幕中的显示大小和位置，不改变图形的实际大小和位置。

1.6.1 缩放

1. 命令启动

- 命令行：ZOOM 或 Z。
- 菜单栏：【视图】⇨【缩放】⇨子菜单，如图 1-7 所示。
- 工具栏：【标准】工具栏中的 按钮，或【缩放】工具栏中的 9 个按钮，如图 1-8 所示。

2. 命令格式

执行 ZOOM 命令，命令行提示如下。

```
命令：ZOOM↙
指定窗口的角点，输入比例因子(nX 或 nXP)，或者
[全部(A)/中心(C)/动态(D)/范围(E)/上一个(P)/比例(S)/窗口(W)/对象(O)] <实时>：
```

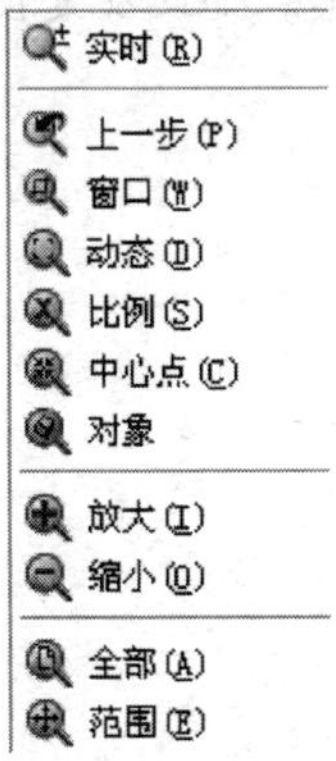

图 1-7 【缩放】子菜单

图 1-8 【缩放】工具栏

提示：打开栅格可以观察到图形界限，栅格所覆盖的范围就是用户设定的图形界限范围。关于图形界限的设定见2.1节。

3. 命令行选项

- 全部(A)：将用户设定的图形界限满屏显示在绘图窗口内。如果有图形超出了图形界限，则显示图形界限和全部图形所占整个范围。
- 中心(C)：要求指定一点为中心点，然后以该点为基点，整个图形按照指定的缩放比例进行缩放，而该点在缩放操作后成为新视图的中心点。
- 动态(D)：选择该选项后，屏幕上出现一个平移观察框(类似照相机的取景框)，可以在屏幕上移动观察框，也可以动态改变观察框的大小(单击鼠标左键，出现一向右箭头，此时左右移动鼠标就可以改变观察框的大小，大小合适后再次单击左键)，将观察框拖放至图形中要放大的位置并按回车键，则观察框区域内的图形被放大。
- 范围(E)：将所绘图形最大范围地显示在绘图窗口内。注意与全部缩放的区别，后者是基于图形界限来显示全图。
- 上一个(P)：将被缩放的对象恢复到最近一次缩放操作之前的状态，即上一个视图。
- 比例(S)：以一定的比例来缩放图形。选择该选项后，要求输入比例因子，如果输入的是一个数值，则为相对于图形界限的缩放；如果输入的是数值后加X，则为相对于当前图形的缩放，后者较为常用。
- 窗口(W)：通过指定矩形的两对角点拉出一个矩形窗口，将窗口内的图形放大到整个视图范围。
- 对象(O)：将选择的图形对象放大到整个视图范围。
- 实时：此为默认选项。选择该选项后，光标变成一个放大镜，此时用户可按住鼠标左键上下移动来缩放图形。如果要退出缩放状态，可按回车键，或单击鼠标右键，在弹出的快捷键中选择退出。

提示：以上选项工具中，最常用的是“窗口”缩放，使用它可以快速方便地将某处图形放大到所需状态，完成工作后再使用“上一个”恢复原来状态。如此反复使用这两个选项工具，即可完成图形各处的绘制与编辑。

1.6.2 平移

1. 命令启动

- 命令行：PAM或P。
- 菜单栏：【视图】⇨【平移】⇨【实时平移】。
- 工具栏：【标准】工具栏中的按钮。

2. 命令说明

执行PAM命令后，光标变成手形，用户即可对图形对象进行实时平移。

1.6.3　鸟瞰视图

AutoCAD 提供了一种叫做鸟瞰视图的独立的窗口，打开它时，窗口中显示整个图形全貌，以便让用户快速定位目标区域。如果所绘图形大而复杂，利用鸟瞰视图平移和缩放图形就显得极为方便。

1. 命令启动

- 命令行：DSVIEWER。
- 菜单栏：【视图】⇨【鸟瞰视图】。

2. 命令说明

(1)执行 DSVIEWER 命令后，弹出【鸟瞰视图】窗口，如图 1-9 所示。

(2)用鼠标左键单击“鸟瞰视图”窗口的图形区，激活该窗口，此时在窗口内出现一个中心带有“ × ”标记的细实线矩形框，此矩形框即表示整个视图范围。用鼠标拖动矩形框移动，即可产生平移图形的效果。

(3)再次单击鼠标左键，矩形框右边出现“→”标记，表示当前处于缩放状态，此时左右移动鼠标可以调整矩形框的大小，并可在绘图区内动态地看到图形缩放效果。

(4)单击鼠标左键，矩形框中心出现“ × ”标记，表示又回到了平移状态，将矩形框中心移动到要观察的部位，当窗口中显示出要观察的位置和缩放效果时，按鼠标右键进行确认，也可以按空格键或回车键确认。

提示：移动光标进入【鸟瞰视图】窗口，双击鼠标左键可直接进入缩放状态。重复单击鼠标左键，可实现缩放与平移的转换。点击鼠标右键则确定图形的最终显示效果。

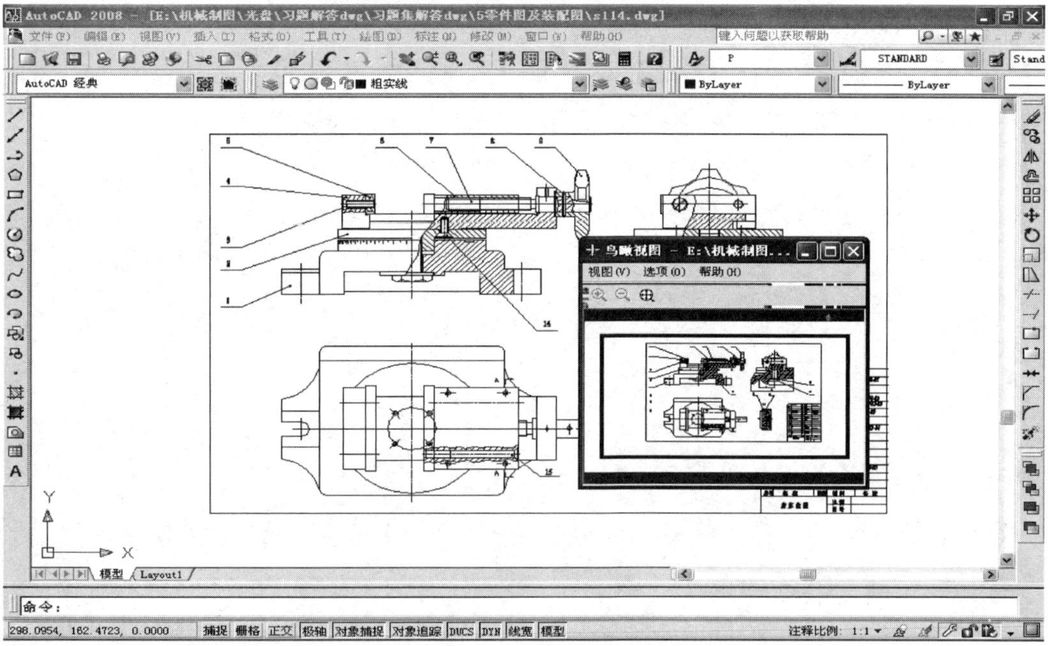

图 1-9　【鸟瞰视图】窗口

1.6.4 屏幕刷新

在【视图】菜单中还有“重画”、“重生成”和“全部重生成”这三个命令，这里简单介绍一下它们的功用。

当用户对一个图形进行了较长时间的编辑后，可能会在屏幕上留下一些残迹，如编辑时留下来的点标记，这时可以使用重画命令来刷新屏幕，清除这些残迹。

“重生成”命令用来重新生成当前视窗中内的图形。如对点画线，当重新设置了新线型比例因子后，需要通过“重生成”才会显示出来。“全部重生成”命令则用来重新生成所有视窗中内图形。“重生成”命令的简单输入方法是输入“regent”即可。

习　题

1. 启动 AutoCAD 2010，熟悉 AutoCAD 2010 的用户界面。
2. 练习显示和隐藏各工具栏，并在界面上进行拖动练习。
3. 掌握保存文件、打开文件及退出 AutoCAD 系统的操作方法。
4. 熟悉 AutoCAD 绘图窗口底色的修改方法，将初始状态的黑色修改成白色。
5. 熟悉 Zoom 命令各选项的含义及操作方法。

第2章　绘图环境及绘图辅助工具

本章主要内容

- 设置基本绘图环境
- 设置绘图辅助工具
- 设置图层
- 建立样板文件

2.1　设置基本绘图环境

在使用AutoCAD绘图时，首先要设置好绘图环境，如图形界限、图形单位、图层、线型、线宽等，以便准确、高效地完成图形，而且能使不同的图形文件具有统一的设置。

2.1.1　设置图形界限

图形界限是指绘图区域的大小，相当于手工绘图时图纸的图幅。尽管AutoCAD所绘图形的大小不受限制，但作图时设置绘图界限将有助于绘图操作和打印输出。可以使用LIMITS命令来设置绘图界限。

1. 命令启动

- 命令行：LIMITS。
- 菜单栏：【格式】⇨【图形界限】。

2. 命令格式

执行LIMITS命令后，命令行提示如下。

```
命令：LIMITS↙
新设置模型空间界限：
指定左下角点或［开(ON)/关(OFF)］<0.0000，0.0000>：↙                //输入左下角点坐标
指定右上角点 <420.0000，297.0000>：↙                                  //输入右上角点坐标
```

3. 命令行选项

(1)开(ON)：打开图形界限检查，绘图只能在图形界限范围内进行。

(2)关(OFF)：关闭图形界限检查，绘图不受图形界限的限制，系统默认为关。

4. 命令说明

(1)输入左下角和右上角的坐标后，系统就定义了一个绘图界限，系统默认是A3幅面。

(2)完成图形界限设置后，应单击【视图】⇨【缩放】⇨【全部】，即执行 ZOOM 命令的“全部(A)”选项，将所设图形界限尽可能大地显示在绘图界面中。

(3)打开栅格，即可看到用户所设图形界限的范围就是栅格覆盖的区域。

2.1.2 设置图形单位

图形单位是指长度和角度的测量单位。在 AutoCAD 屏幕上显示的只是屏幕单位，在绘图时需要选择适当的测量类型及其精度来表示真实的单位。可以使用 UNITS 命令来设置长度和角度的类型及精度。

1. 命令启动

- 命令行：UNITS 或 UN。
- 菜单栏：【格式】⇨【单位】。

2. 命令说明

(1)执行 LIMITS 命令后，将弹出【图形单位】对话框，如图 2-1 所示。

(2)对话框主要选项及常用设置如下。

- 长度：设置长度单位类型和精度。在【类型】下拉列表中选择长度的类型，一般选择“小数”；在【精度】下拉列表中选择长度的精度，一般选取“0.00”。
- 角度：设置角度单位类型和精度。在【类型】下拉列表中选择角度的类型，一般选择“十进制度数”；在【精度】下拉列表中，选择角度的精度，一般选取“0”。AutoCAD 默认逆时针为角度正向，如果选中【顺时针】复选框，则以顺时针为角度正向。
- 方向：选择基准角度的方向，即 0°角方向。单击此按钮，将弹出【方向控制】对话框，如图 2-2 所示，在此对话框中可设置基准角度的方向。
- 用于缩放插入内容的单位：设置插入块或图形文件的单位，系统默认是“毫米”。

提示：对绘制机械制图和石油化工制图的用户，图形单位可以全部采用默认设置。

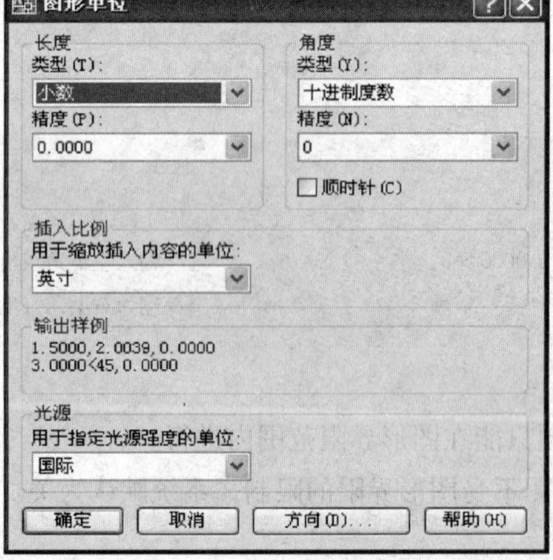

图 2-1 【图形单位】对话框

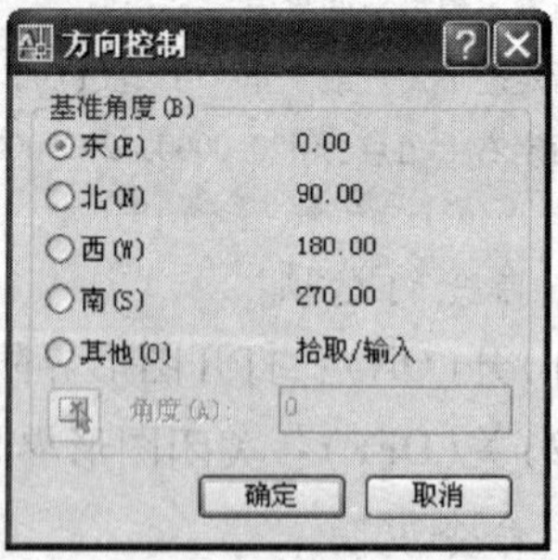

图 2-2 【方向控制】对话框

2.2 设置图层

图层是用户组织和管理图形最有效的工具之一，也是AutoCAD绘图与手工绘图区别较大的地方。可以将图层想象为一张没有厚度的透明纸，这张透明纸可以用来绘制图形、标注尺寸和书写文字等。绘图时，把不同类型、不同颜色、不同线型的图形画在不同的透明纸上，再把这些透明纸重叠在一起，就构成了一张完整的图。

2.2.1 图层的特性

AutoCAD中的图层具有以下几个特性。

(1)每一幅图形中可以建立任意数量的图层，所有图层均具有相同的坐标系、图形界限和显示缩放倍数。

(2)每个图层都有名字。开始绘制新图形时，AutoCAD将自动创建一个名为“0”的图层，其他的图层名可由用户自己定义。图层名由字母、数字以及汉字等组成。

(3)每个图层具有线型、线宽、颜色和状态等属性。一般情况下，同一图层上的对象应设置为相同的线型、线宽和颜色，即采用图层的线型、线宽和颜色，以方便对图形对象的管理。但用户也可以采用不同于图层的线型、线宽和颜色。

(4)如果要在某个图层上绘图，必须将该图层设置为当前层，用户所绘的图形即被放置在当前层上。但用户可以对位于不同图层上的对象同时进行编辑(如移动、复制等)，只要这些图层处于可见、解锁状态。

(5)可以对各图层进行打开、关闭、冻结、解冻、锁定、解锁等操作。当用户将一个图层关闭或冻结时，这个图层上的所有对象将不可见，也不能打印；而锁定一个图层可以防止用户编辑该层上的所有对象。图层的这些功能使用户在绘制、编辑和打印图形时拥有极大的灵活性和可控性。

2.2.2 图层特性管理器

创建和管理图层均在【图层特性管理器】对话框完成，可以用LAYER命令打开该对话框。

1. 命令启动

- 命令行：LAYER或LA。
- 菜单栏：【格式】⇨【图层】。
- 工具栏：【图层】工具栏中的按钮。

2. 命令说明

执行LAYER命令后，屏幕将弹出【图层特性管理器】对话框，如图2-3所示。该对话框中有两个窗格：左边的“树状图”显示图形中图层和过滤器的层次结构列表，右边的“列表视图”则显示图层和图层过滤器及其特性和说明。中间上面有“新建图层”、“在所有视口中都被冻结的新图层视口”、“删除图层”和“置为当前”4个按钮。

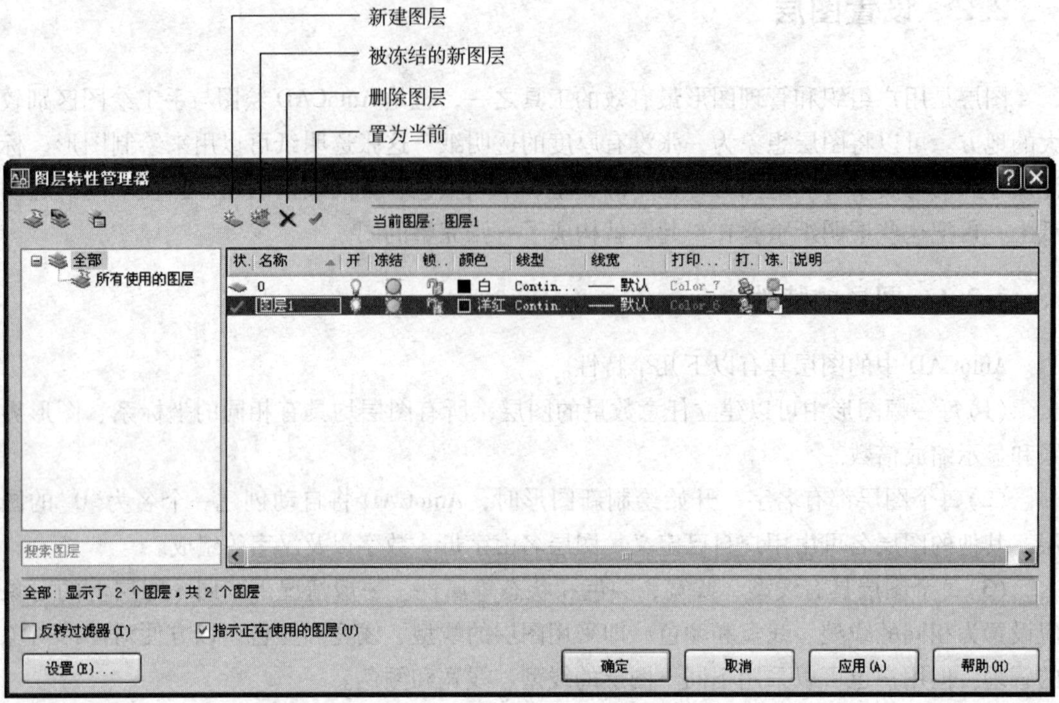

图 2-3 【图层特性管理器】对话框

利用图层特性管理器不仅可以进行图层的基本操作，如新创建图层，设置图层的颜色、线型和线宽，还可以对图层进行更多的设置与管理。本教材限于篇幅，只介绍有关图层的最常用的一些操作。

2.2.3 新建图层

在【图层特性管理器】对话框中，单击【新建图层】按钮，在图层列表中将出现一个名为“图层1”的新图层。继续单击【新建图层】按钮，则可以建立一批新图层，图层的名称自动按“图层1”、“图层2”……等依序命名，默认情况下，新建图层将自动继承上一个图层的颜色、线型、线宽、状态等属性。用户可以按需要修改图层的名称以及颜色、线型、线宽等属性。

如果用户建立了不需要的图层，可以选中该图层，然后单击【删除图层】按钮✕，即可删除该图层。

2.2.4 修改图层名称

刚创建图层时，图层列表中将自动显示为“图层×”（×为数字）这样的名称，该名称处于选中状态，用户可以直接输入一个新图层名称。

对于已经创建的图层，如果需要修改图层的名称，应在【图层特性管理器】对话框中选中要更名的图层，然后用鼠标单击该图层的名称，使图层名处于可编辑状态，再输入新的名称。

提示： 为每一个图层取一个清楚而有意义的名称可以更有效地管理图层，因此要预先规划好命名的原则，尽量不要以 AutoCAD 默认的“图层 1”、“图层 2”等来命名。

2.2.5 设置当前层

绘图操作只能在一个图层上进行。因此，如果用户设置了多个图层，则在绘图前必须将要在其上进行绘图操作的图层设置为当前层。设置当前层的方法有三：

(1) 在【图层特性管理器】对话框中，选中要操作的图层，然后单击【置为当前】按钮✔。

(2) 在【图层特性管理器】对话框中，双击要操作的图层名称。

(3) 在【图层】工具栏的图层下拉列表中选择要操作的图层，如图 2-4 所示。

采用以上任何一种方法，均可将指定的图层设置为当前层，用户绘制的图形对象将被放置到当前层上。

2.2.6 设置图层颜色

为了便于识别不同图层上的图形对象，一般需要为每一个图层设置不同的颜色。在【图层特性管理器】对话框中，单击所选图层的颜色图标，弹出如图 2-5 所示的【选择颜色】对话框，从中选择一种颜色，单击【确定】按钮，即可为指定图层设定需要的颜色。

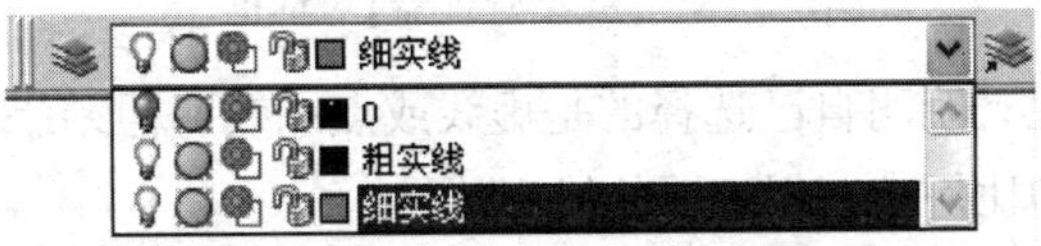

图 2-4 【图层】工具栏图层下拉列表

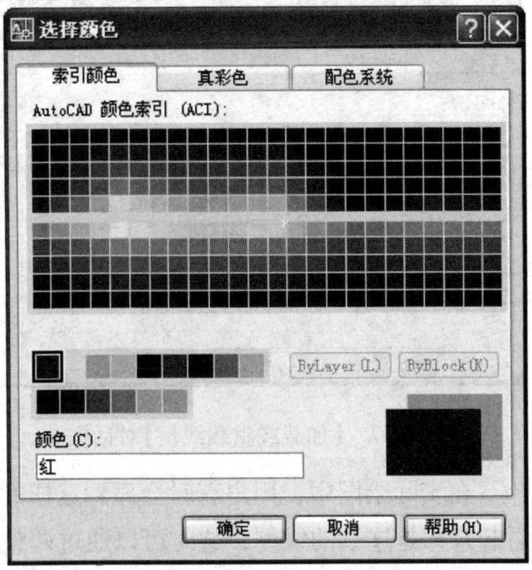

图 2-5 【选择颜色】对话框

参照国家标准《CAD 工程制图规则》(GB/T 18229—2000) 中的要求，图线颜色一般可按表 2-1 所示进行设置。

表 2-1 常用图线的颜色、线型及线宽设置

图线类型	粗实线	细实线	波浪线	双折线	粗虚线	细虚线	细点画线	细双点画线
颜色	白色	绿色	绿色	绿色	黄色	黄色	红色	洋红
线型	continuous	continuous	—	—	dashed	dashed	center	phantom
线宽/mm	0.5	0.25	0.25	0.25	0.5	0.25	0.25	0.25

2.2.7 设置图层线型与线型比例

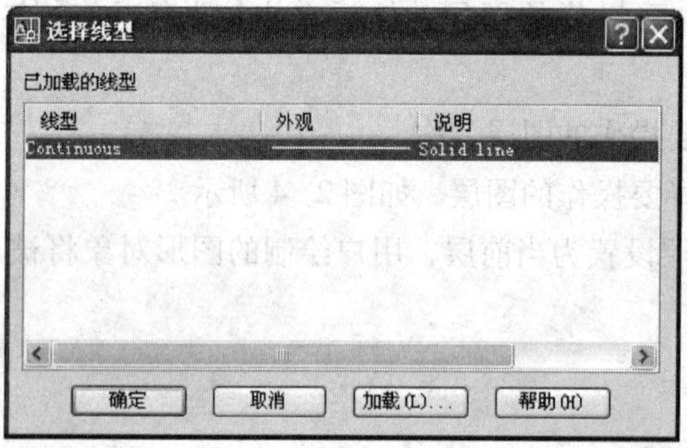

图 2-6 【选择线型】对话框

在【图层特性管理器】对话框中，单击所选图层的线型名，弹出【选择线型】对话框，如图 2-6 所示。默认状态下，该对话框中仅有一种线型 Continuous（实线型）。单击【加载】按钮，弹出【加载或重载线型】对话框，如图 2-7 所示，从线型列表中选择所需的一种线型，也可以按 Ctrl 键同时选择几种线型。单击【确定】按钮，返回【选择线型】对话框，可以看到所选线型已被加载到【选择线型】对话框了。在该对话框中选择所需的线型，单击【确定】按钮，返回【图层特性管理器】对话框，完成线型的设置。常用图线的线型设置见表 2-1。

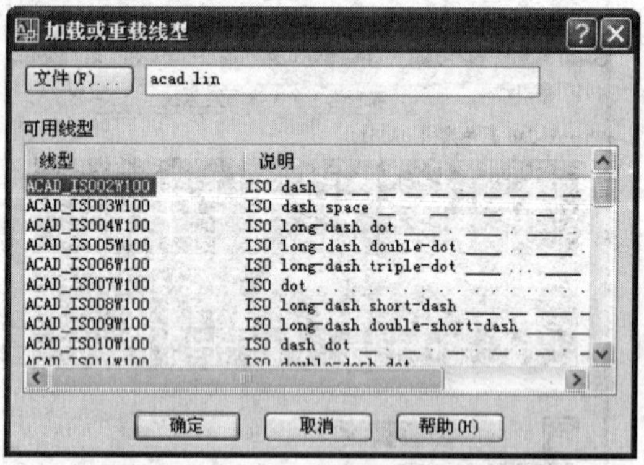

图 2-7 【加载或重载线型】对话框

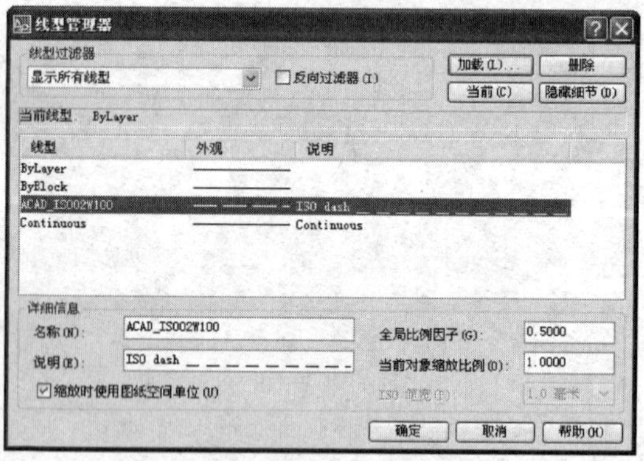

图 2-8 【线型管理器】对话框

在实际绘图中，用户有时会碰到这样的情况，明明自己选择的是虚线或点画线，但结果看起来却是连续的线型，这时可以通过调整线型比例来获得想要的线型效果。

线型比例用来控制虚线、点画线等非连续线型中线段与空格的长度。线型比例可在【线型管理器】对话框中进行设置。单击【格式】⇨【线型】，打开【线型管理器】对话框，如图 2-8 所示。单击右上角的【显示细节】按钮，可以看到该对话框右下角有【全局比例因子】和【当前对象缩放比例】两个文本框。其中，“全局比例因子”用于设置所有线型的比

例，它影响所有已经绘制的对象以及之后将要绘制的对象，默认情况下为1；而“当前对象缩放比例”用于设置当前对象的线型比例，它只影响之后新绘制的对象。对每个图形对象而言，其线型比例值等于全局比例因子乘以当前对象缩放比例。通过对线型比例进行细节调整，可以获得适当的线型效果。

2.2.8 设置图层线宽

在【图层特性管理器】对话框中，单击所选图层的线宽图标，弹出如图2-9所示的【线宽】对话框，从中选择一种线宽，单击【确定】按钮，即可为指定图层设定需要的线宽。

AutoCAD系统默认线宽为0.25mm。单击【格式】⇨【线宽】，打开【线宽设置】对话框，在该对话框中可以改变默认线宽值和显示比例，如图2-10所示。

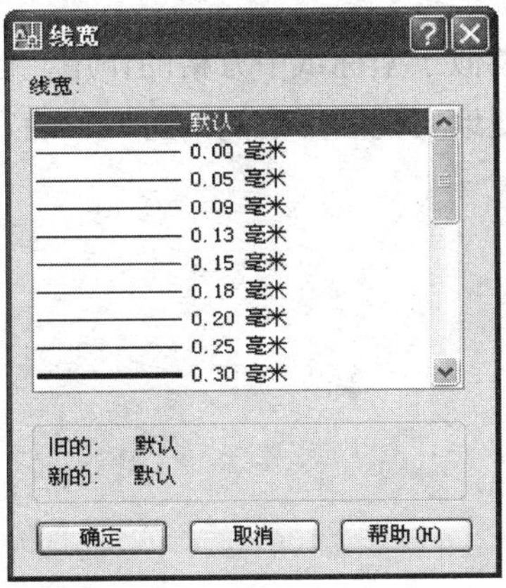

图2-9 【线宽】对话框

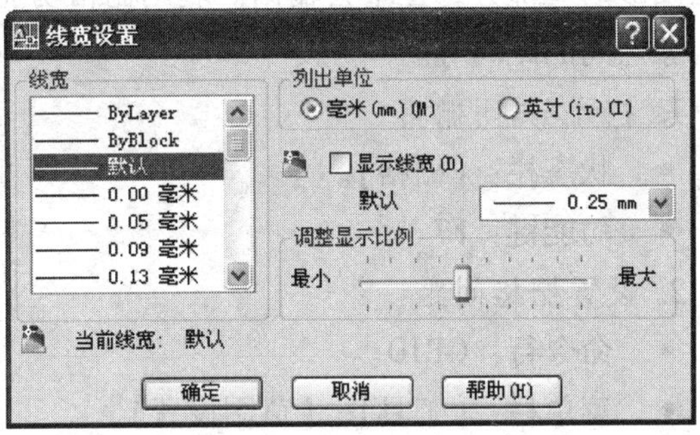

图2-10 【线宽设置】对话框

2.2.9 图层管理

在【图层特性管理器】对话框的列表视图中，或通过【图层】工具栏的图层下拉列表，可以对所选图层进行打开、关闭、冻结、解冻、锁定和解锁等操作。

1. 图层的打开/关闭

单击图标💡，即可打开/关闭图层。图层关闭时，图标呈灰黑色，该层上的图形对象不显示，也不能打印输出。但图形对象在重新生成时要计算，同时在编辑图形选择对象时，该层会被选中。

2. 图层的冻结/解冻

单击图标◎，即可冻结/解冻图层。图层冻结时，图标呈雪花状，该层上的图形对象被冻结，不显示，也不能打印输出，而且图形对象在重新生成时也不计算。因此，冻结图层能加快系统重新生成图形的时间。注意，当前层不能冻结。

3. 图层的锁定/解锁

单击图标🔓，即可锁定/解锁图层。图层锁定时，图标呈锁定状，该层上的图形对象被锁定，可显示和打印输出，也能在其上绘制新的图形对象，但不能选择和编辑。

2.3 设置绘图辅助工具

为了绘制精确的图形，AutoCAD 在状态栏中提供了一些绘图辅助工具，可以帮助用户精确定位，从而实现快速、准确地绘图。这些辅助绘图工具如图 2-11 所示，用户可以根据需要随时打开或关闭它们。

图 2-11 状态栏中的绘图辅助工具按钮

2.3.1 栅格

栅格是显示在绘图窗口中的一系列等间距点，起到类似于坐标纸中方格的作用，但它不是图形的一部分，也不会输出。利用栅格功能可以方便地实现图形之间的对齐，确定图形对象之间的距离等。

1. 打开/关闭栅格

- 状态栏：【栅格】。
- 功能键：F7

2. 设置栅格间距

- 命令行：GRID。
- 菜单栏：【工具】⇨【草图设置】。
- 状态栏：右击【栅格】⇨【设置】。

3. 命令说明

图 2-12 【草图设置】对话框

(1) 打开栅格时，它会显示出来并充满整个图形界限。

(2) 右击【栅格】⇨【设置】，打开【草图设置】对话框，如图 2-12 所示。在该对话框中可以设置栅格 X 轴和 Y 轴间距，二者可以相等，也可以不相等，图中均设为 10。【草图设置】对话框还可设置是否启用栅格。

(3) 栅格间距不要设得太小，否则将会使间隔点太密而无法显示，或导致图形模糊及屏幕重画太慢。

2.3.2 捕捉

捕捉功能可以使光标按指定的步距移动，利用该功能，在某些情况下能提高绘图的效率和准确性。捕捉和栅格通常配合使用，而且设置栅格间距与捕捉间距成整数倍。

1. 打开/关闭捕捉

- 状态栏：【捕捉】。
- 功能键：F9

2. 设置捕捉间距

- 命令行：SNAP。
- 菜单栏：【工具】⇨【草图设置】。
- 状态栏：右击【捕捉】⇨【设置】。

3. 命令说明

(1)在【草图设置】对话框可以设置捕捉 X 轴和 Y 轴间距，二者可以相等，也可以不相等，图 2-12 中均设为 10。

(2)捕捉有【栅格捕捉】和【极轴捕捉】两种类型，可以在【草图设置】对话框中进行选择，如图 2-12 所示。

2.3.3 正交

利用正交功能可以准确、快速地绘制水平线和垂直线，这个功能在绘图时十分有用。

1. 打开/关闭正交

- 状态栏：【正交】。
- 功能键：F8

2. 命令说明

打开正交功能后，用户只能画水平和垂直两个方向的直线，如果要画其它方向的直线，用户需要关闭正交功能。

2.3.4 对象捕捉

利用对象捕捉功能可以迅速、准确地捕捉到图形对象上一些特殊位置点，如端点、中点、交点、圆心等，并可利用这些点来定位新的点，从而实现精确绘图。对象捕捉有自动捕捉和临时捕捉两种方式。

1. 打开/关闭自动捕捉

- 状态栏：【对象捕捉】。
- 功能键：F3

2. 设置自动捕捉模式

- 命令行：OSNAP 或 OS。

- 菜单栏：【工具】⇨【草图设置】(选择【对象捕捉】选项卡)。
- 工具栏：【对象捕捉】工具栏图标 。
- 状态栏：右击【对象捕捉】⇨【设置】。

以上任何一种方法均可打开【草图设置】对话框的【对象捕捉】选项卡。在该选项卡中，AutoCAD 提供了比较全面的对象捕捉模式，如图 2-13 所示，在此可以设置一种或几种对象捕捉模式，打开自动捕捉后，AutoCAD 将自动执行所设模式的捕捉，直至关闭自动捕捉。

提示：不要将所有的捕捉模式都打开，否则会给绘图带来很大的干扰和麻烦。

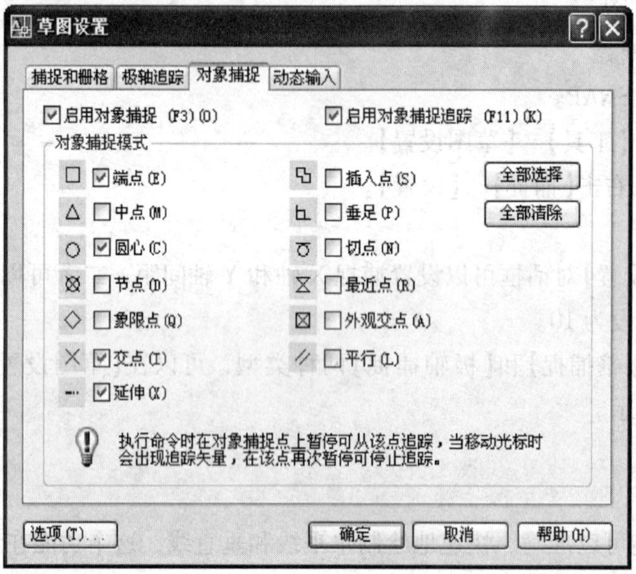

图 2-13 【草图设置】对话框中的【对象捕捉】选项卡

3. 启用临时捕捉

使用临时捕捉方式就是临时指定一个或多个对象捕捉模式，这在捕捉某些特殊点或在使用自动捕捉方式捕捉不到点时比较有用。可以按以下 4 种方法启用临时捕捉。

- 在要求输入点的提示下，在【对象捕捉】工具栏上点击相应的图标来指定一个对象捕捉模式，如图 2-14 所示。
- 在要求输入点的提示下，按住 Shift 或 Ctrl 键，在绘图区单击鼠标右键，将弹出如图 2-15 所示的快捷菜单，从中指定一个对象捕捉模式。
- 在命令执行过程中单击鼠标右键，在弹出的快捷菜单中选择【捕捉替代】，在子菜单中指定一个对象捕捉模式。

图 2-14 【对象捕捉】工具栏

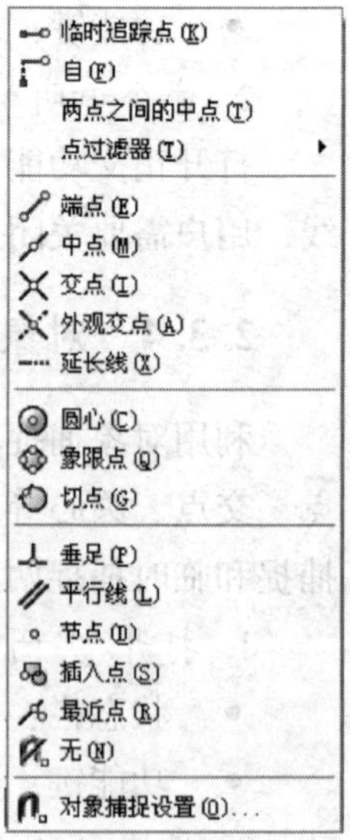

图 2-15 捕捉右键菜单

- 在要求输入点的提示下，在命令行中键入对象捕捉模式名称的缩写字母，如表2-2所示，以指定一个或多个对象捕捉模式。如果输入多个名称，名称之间以逗号隔开。

表2-2　部分对象捕捉模式名称的缩写字母

临时追踪	自	端点	中点	交点	延长线	圆心	象限点	切点	垂足	平行线	节点	最近点
TT	FRO	END	MID	INT	EXT	CEN	QUA	TAN	PER	PAR	NOD	NEA

临时捕捉方式与自动捕捉方式的区别是：临时捕捉方式是一种临时性的对象捕捉，选择一次只能捕捉一个点。而自动捕捉方式可以保持捕捉设置，在运行时，AutoCAD会自动选择所选对象最适合的捕捉模式，不需要用户每次设置，从而可以节省很多时间。

提示：绘图时，一般将常用的几种对象捕捉模式设成自动捕捉方式，而对不常用的对象捕捉模式则使用临时捕捉方式，一旦启动临时捕捉方式，就会暂时中止自动捕捉方式。

2.3.5　极轴追踪

极轴追踪可以从前一点按预先设置的角度增量方向显示出一条追踪线（虚线），以帮助用户获取该方向上的另一点。使用极轴追踪功能，不仅可以很方便地绘制出水平线和垂直线，而且还能快速地绘制出一定角度的斜线。

1. 打开/关闭极轴追踪

- 状态栏：【极轴】。
- 功能键：F10

2. 设置极轴追踪

- 菜单栏：【工具】⇨【草图设置】（选择【极轴追踪】选项卡）。
- 状态栏：右击【极轴】⇨【设置】。

以上任何一种方法均可打开【草图设置】对话框的【极轴追踪】选项卡，如图2-16所示。在此选项卡中可以对极轴追踪的参数进行设置。

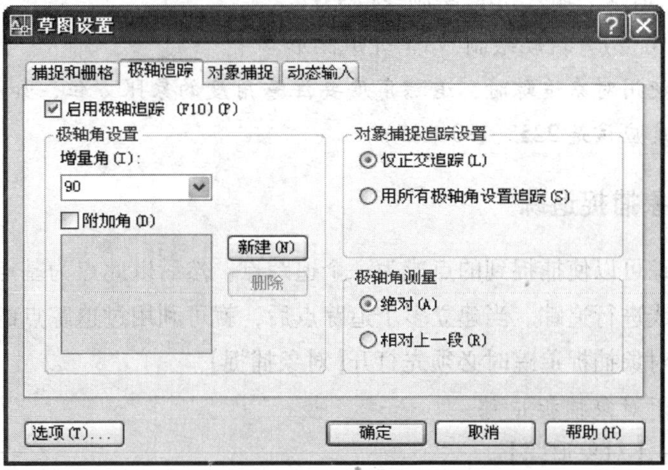

图2-16　【草图设置】对话框中的【极轴追踪】选项卡

在【极轴角设置】区，【增量角】下拉列表框用来设置极轴的追踪方向，如选择30，表示系统将以0°、30°、60°……等以30°为角度增量的方向进行追踪。如果选中【附加角】，可以由用户设置增量角以外新的追踪角度，但与增量角不同，这些角度不能以其整数倍进行追踪。

【例2-1】使用极轴追踪功能绘制如图2-17所示的图形。

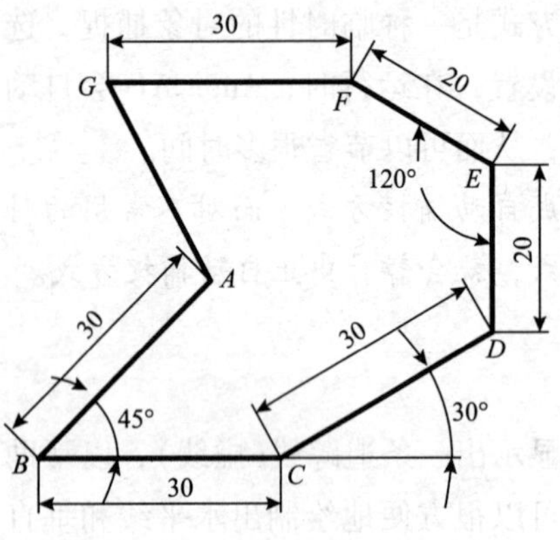

图2-17 使用极轴追踪功能绘图

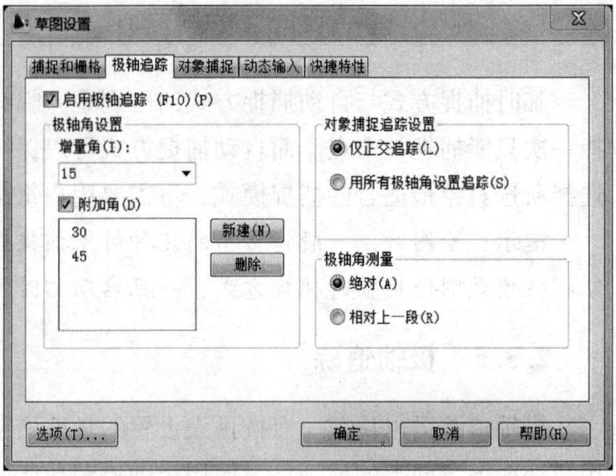

图2-18 极轴角设置

绘制步骤：

(1)在草图设置窗口设置增量角为15°，附加角为30°、45°，如图2-18所示；

(2)从A点出发，使用极轴追踪功能，出现45°极轴角时输入30，绘出线段AB；

(3)0°水平追踪下输入30，绘制线段BC；

(4)继续从C点出发，使用极轴追踪功能，出现30°极轴角时输入30，绘出线段CD；

(5)90°追踪下输入20，绘出线段DE；

(6)继续从E点出发，使用极轴追踪功能，出现30°极轴角时输入20，绘出线段EF；

(7)180°水平追踪下输入30，绘制线段FG；

(8)输入C(闭合)，自动绘制GA，完成图形。

提示：上述使用对象追踪时，追踪角度要注意角度的象限方位，如从A到B的45°，实际显示追踪角度应该是225°(180+45)。

2.3.6 对象捕捉追踪

对象捕捉追踪可以使捕捉到的点成为一个追踪点，然后以此点为基点沿正交方向或极轴方向形成追踪线进行追踪。当建立多个追踪点后，就可利用过追踪点的辅助线准确定位图形元素。使用对象捕捉追踪时必须先打开【对象捕捉】。

1. 打开/关闭对象捕捉追踪

- 状态栏：【对象追踪】。
- 功能键：F11

2. 设置对象捕捉追踪

在【草图设置】对话框中选择【极轴追踪】选项卡，在【对象捕捉追踪设置】区中可对【对象捕捉追踪】进行设置。如图2-19所示。“仅正交追踪”表示仅在水平和垂直方向对捕捉点进行追踪，“用所有极轴角设置追踪”表示可按极轴设置的角度进行追踪。

提示：使用对象捕捉追踪时，已追踪到的捕捉点将显示一个小加号(+)，一次最多可以获取7个追踪点。使用“临时追踪”(TT)捕捉模式，还可以创建临时追踪点。

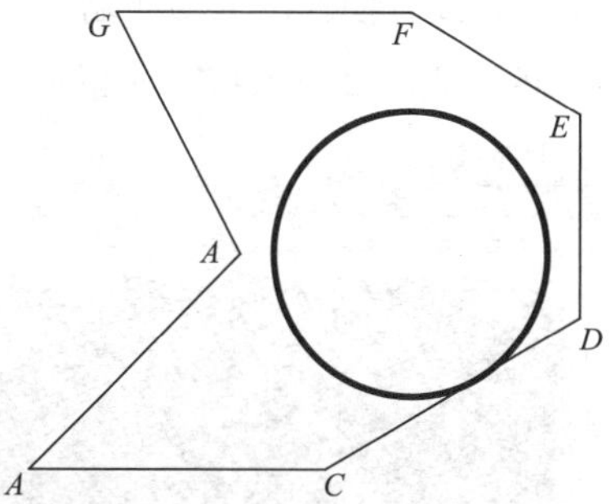

图2-19 使用对象捕捉功能绘图

【例2-2】使用对象捕捉功能绘制如图2-20所示的图形，要求ϕ20圆的圆心在点A正右侧，F点正下方。

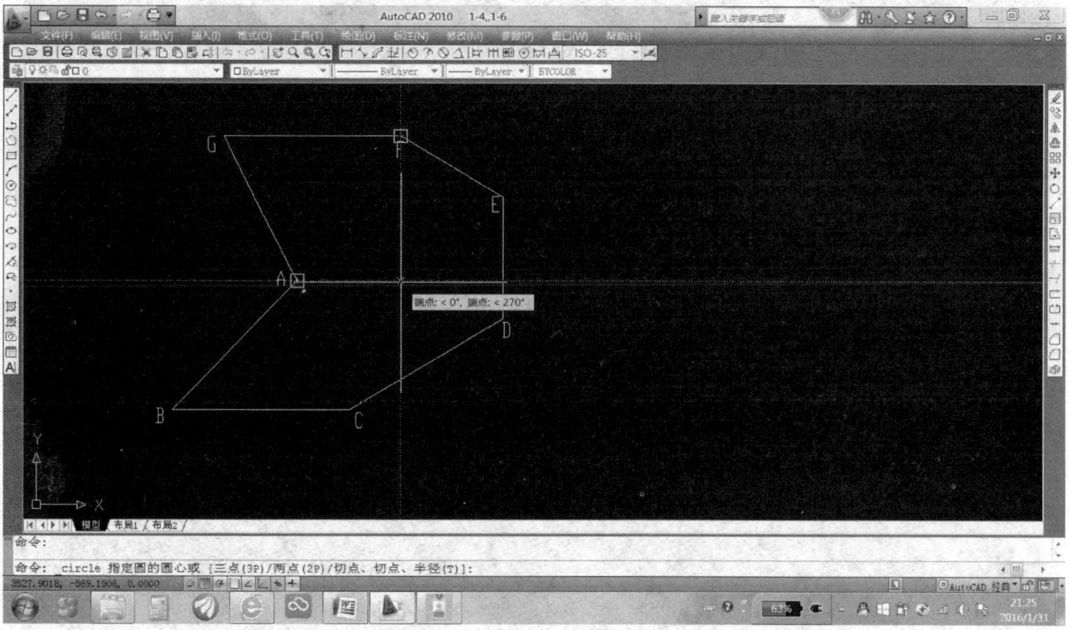

图2-20 对象捕捉追踪

绘图步骤：

(1)草图设置捕捉端点和交点；

(2)将光标移至A点悬停片刻出现端点方框，再移至F点出现端点方框，同时出现追踪线(符号)，如图2-20点击鼠标左键即追踪捕捉到要求的圆心位置；

(3)输入半径10，即完成作图。

2.3.7 动态输入

动态输入是CAD2008以后版本的特有功能，当启动状态栏的动态输入功能后，在绘图命令的操作过程中，将实时显示光标所在位置的坐标及相关参数，如图2-21和图2-22所示，以方便作图人员了解当前参数，动态输入功能的启动与关闭与状态栏其他功能方法一样，是否启用该功能应根据使用者的习惯而定，并不一定是好或不好。

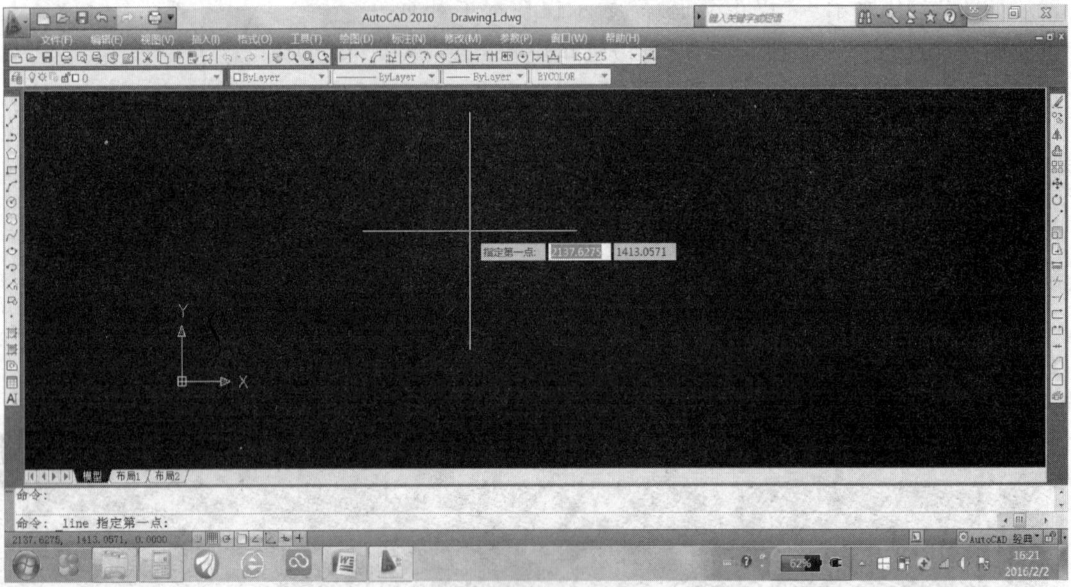

图2-21 动态输入(一)

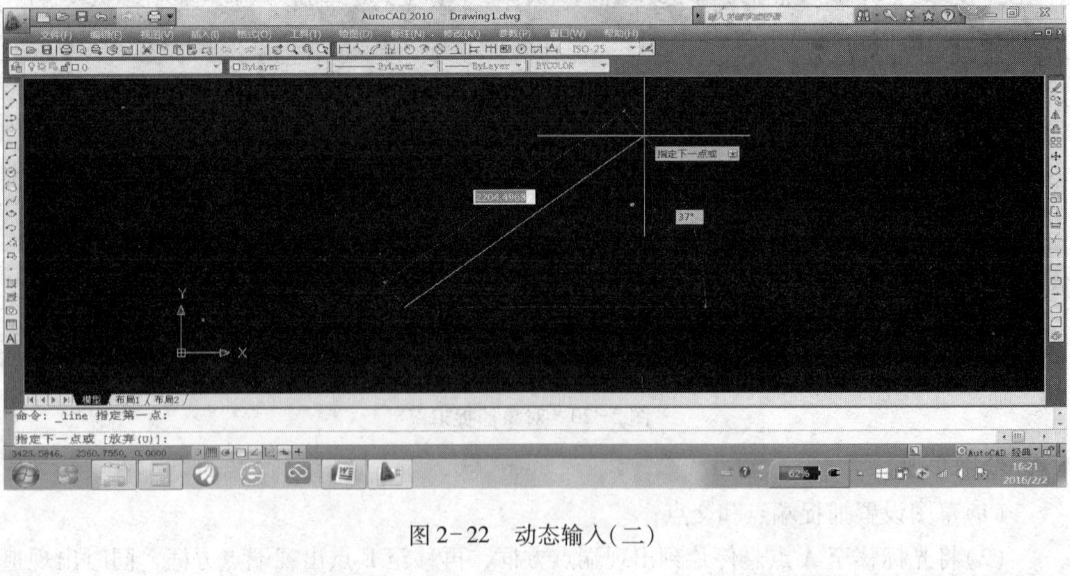

图2-22 动态输入(二)

习 题

1. 用对象捕捉、极轴追踪和对象捕捉追踪功能练习图样绘制。
2. 设置特殊角度(如15°、30°)的追踪模式，进行绘图练习。
3. 按绘图标准和进行图层的设置并保存。

第3章　平面图形绘制

本章主要内容

- 直线绘图命令
- 圆和圆弧绘制
- 椭圆和椭圆弧
- 点的绘制
- 徒手画线
- 矩形、正多边形
- 其他图线绘制
- 射线、构造线

AutoCAD 2010 提供了丰富的绘图命令，利用这些命令可以绘制出各种基本图样。本章主要介绍 AutoCAD 2010 中基本的二维绘图命令。这些基本二维绘图命令是绘制和编辑图样的基础。

本章目的在于让读者掌握 CAD 每个绘图命令的使用，同时体会一些绘图过程中的经验与技巧。

3.1　绘制直线命令

3.1.1　命令启动

- 下拉菜单：【绘图】⇨【直线】。
- 工具栏：【绘图】⇨【直线】╲。
- 命令行：Line(L)。

在 CAD 2010 中，绘制直线命令是使用最频繁的命令，也是最基础的命令，如图 3-1 所示。

Line 命令用于绘制二维直线段。用户通过鼠标或键盘来决定线段的起点和终点。当从一个点出发作了一条线段后，CAD 2010 允许以上一条线段的终点为起点，另外确定一点为线段的终点，这样一直作下去，除非按回车键，鼠标右键或 Esc 键，才能终止命令。

如果要绘一个闭合的图形，在提示符下直接输入“C”，将最后确定的一点与最初起点的连线形成闭合的折线；输入“U”，则取消上一步操作。

需要注意的是，在“指定第一点”提示符后直接按回车健，则 CAD 将上次绘的直线或圆弧的终点作为当前要绘制直线的起点。在 CAD 2010 绘图中，几乎所有要指定的点都可以使用键盘输入坐标值或用十字光标在屏幕上拾取的方法获得。

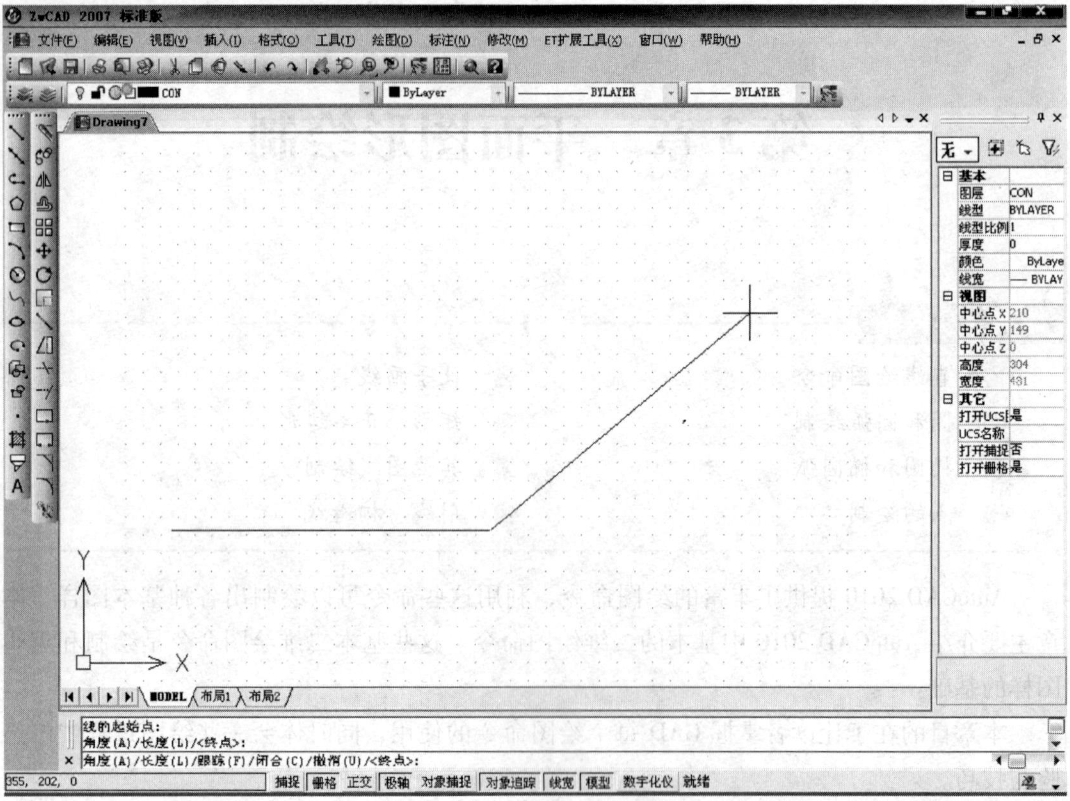

图 3-1 绘直线时的橡皮筋线

3.1.2 命令说明

执行 Line 命令后，CAD 2010 会提示键入线段的起始点；起始点的键入可以由鼠标在屏幕上直接点取，也可以由绝对坐标输入。确定起点后，系统提示：“角度(A)/长度(L)/<终点>:”，给定终点，回车完成这次命令，或在右键菜单点击“确认”来完成这次命令。输入各选项代码后根据提示输入即可。

在绘制直线时，二次菜单栏可提供多种选择。例如，当完成第一根直线后，可以选择长度或方向角，在画完至少一根直线后，可以选择撤消命令，删除刚画的直线；可以在画完直线后，单击完成；在画完两根或更多直线后，可以单击封闭，由第一根线的起点到最后一根线的终点生成一直线。

3.1.3 操作实例

实例 1：绘制矩形，AB = 100，BC = 80。如图 3-2 所示是一个矩形，四条线段首尾相连形成封闭的四边形，其操作如下：

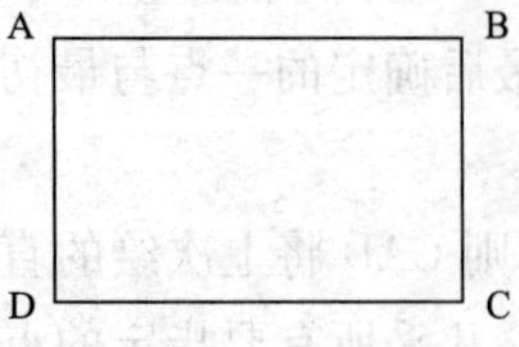

图 3-2 绘制矩形

方法一：

命令：Line↙	执行 Line 命令
线的起始点：	点取 A 点，如图 3-2 所示
点取 B 点	水平长度 100↙取第二点
点取 C 点	向下长度 80↙取第三点
点取 D 点	水平向左 100↙取第四点
输入命令 C	D 点与最初起点 A 连线形成闭合

方法二：

命令：Line↙	
指定第一点：A	在屏幕上点取 A
指定下一点 B：@100，0↙	以相对坐标方式输入 B 点
指定下一点 C：@0，-80↙	以相对坐标方式输入 C 点
指定下一点 D：@-100，0↙	以相对坐标方式输入 D 点
指定下一点 C：C↙	以 C 形成闭合的矩形

3.2 圆及圆弧的绘制方法

圆及圆弧是工程图形中另一种常见的基本实体。画圆及圆弧的基本命令根据圆心、半径、直径和圆上的点等参数绘制。

3.2.1 圆的绘制方法

命令启动

- 下拉菜单：【绘图】⇨【圆】。
- 工具栏：【绘图】⇨【圆】。
- 命令行：Circle(C)。

执行 Circle 命令，系统提示：指定圆的圆心或【三点(3P)/两点(2P)/相切、相切、半径(T)】：>：当直接键入一个点的坐标后，系统继续提示："键入圆的直径 D 或半径 R"。下面分别说明其余的选项：

两点(2P)：通过确定直径的两个端点绘制圆。键入 2P 后，系统分别提示指定圆的直径的第一和第二端点。

三点(3P)：通过圆周上的三个点来绘制圆。键入 3P 后，系统分别提示指定圆上的第一点、第二点、第三点。

T(切点、切点、半径)：通过两个切点和半径绘制圆。键入 T 后，系统分别提示指定第一切点和第二切点及圆的半径。

在 CAD 2010 中，Circle 命令绘制圆的方有：

方法1：圆心半径法。用户指定圆心坐标和圆的半径值即可确定一个圆。

方法2：圆心直径法。与方法1类似，指定圆心坐标和圆的直径即可确定一个圆。

方法3：三点(3P)法。只要用户指定圆上任意三个点即可确定一个圆。

方法4：两点(2P)法。用户指定圆的任意一条直径的两个端点即可确定一个圆。

方法5：相切、相切、半径法。用户需要先选择两个与圆相切的图形对象，然后再指定圆的半径，从而确定一个圆。

方法6：相切、相切、相切。用户需选择三个与圆相切的图形对象来确定一个圆。

在绘图时应根据具体条件进行分析，选择最为便捷、适宜的方法来绘制。

3.2.2 绘圆弧(Arc)

- 下拉菜单：【绘图】⇨【圆弧】。
- 工具栏：【绘图】⇨【弧】⌒。
- 命令行：Arc（A）。

CAD 2010 提供了10种画圆弧的方式，如图3-3所示。这些绘圆弧的方式都要输入相应的参数。

用户可以通过多种方法启动画圆弧命令，在命令行中输入“Arc”(或“A”)并回车是最快的方式。

绘制圆弧的方式都要输入相应的参数，根据有关参数选择图3-3中的不同绘图方法：

实例2：绘制如图3-4的圆弧，此圆弧的绘制可以看成有图中的起点、端点组成，合理的绘制方法为“圆弧”——“起点、端点、角度起点”：指定圆弧的起点，指定圆弧的终点，输入角度180即可(角度：顺时针为负，逆时针为正)。

提示：圆弧的角度与半径值均有正、负之分。因此要注意起点和端点的选择。

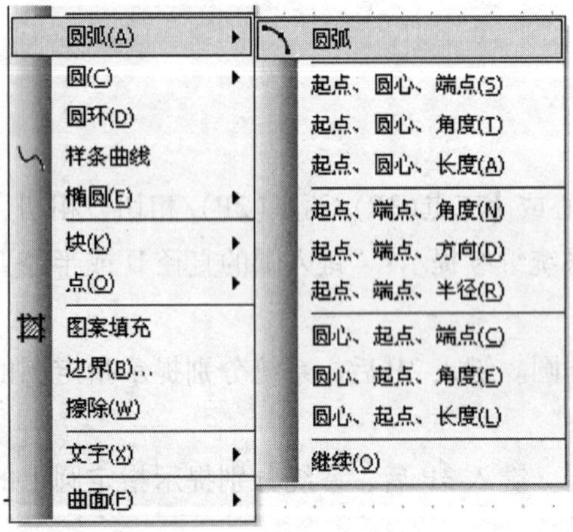

图3-3 画圆弧的方式

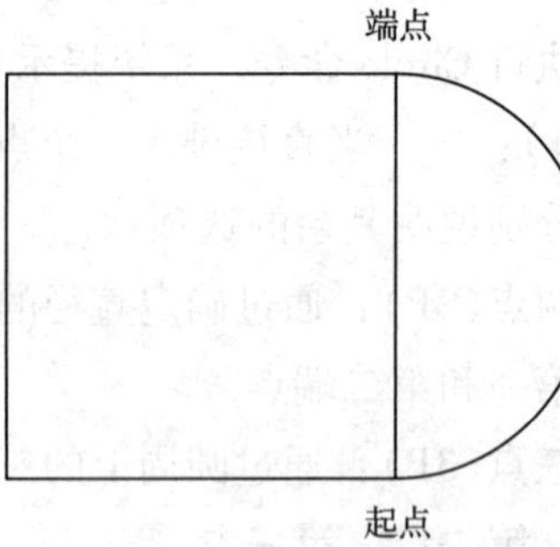

图3-4 绘制圆弧

3.3 椭圆和椭圆弧绘制

3.3.1 椭圆(Ellipse) 命令功能

- 下拉菜单:【绘图】⇨【椭圆】⇨【圆弧】。
- 工具栏:【绘图】⇨【椭圆】。
- 命令行:Ellipse (EL)。

椭圆(Ellipse)的几何元素包括圆心、长轴和短轴,但在CAD 2010中绘制椭圆时并不区分长轴和短轴的次序。绘制椭圆有如下两种方法。

(1)中心点(Center)法:分别指定椭圆的中心点、第一条轴的一个端点和第二条轴的一个端点来绘制椭圆。

(2)轴(Axis)、端点(End)法:先指定两个点来确定椭圆的一条轴,再指定另一条轴的端点(或半径)来绘制椭圆。

使用椭圆命令绘椭圆的方法很多,但归根到底,都是以不同的顺序输入椭圆的中心点、长轴和短轴等参数。

Ellipse命令用于绘制椭圆或椭圆弧,可通过轴端点、轴距离、绕轴线旋转的角度或中心点几种不同组合进行绘制。

3.3.2 操作实例

用中心轴椭圆方式绘制椭圆,其具体操作方法如下:

命令:Ellipse↙
弧(A)/中心(C)/<椭圆轴的第一端点>:C↙
椭圆的中心:点取点A↙
轴的终点:点取点B↙
旋转(R)/<其他轴>:点取点C↙
命令:回车结束

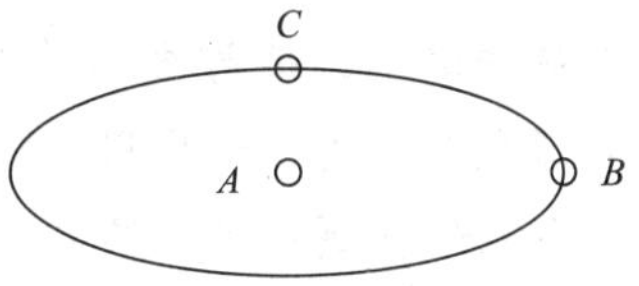

图3-5 绘制椭圆

绘制出来的椭圆如图3-5所示。

3.4 点的绘制

在CAD 2010中,点作为实体可以以不同的样式在图纸上绘出,用作捕捉和偏移对象的节点。当然,单个的点并没有太多的实际意义,这里介绍点作为等分线段的绘制。

3.4.1 设置点的大小及类型(Ddptype)

- 下拉菜单:【绘图】⇨【点】。

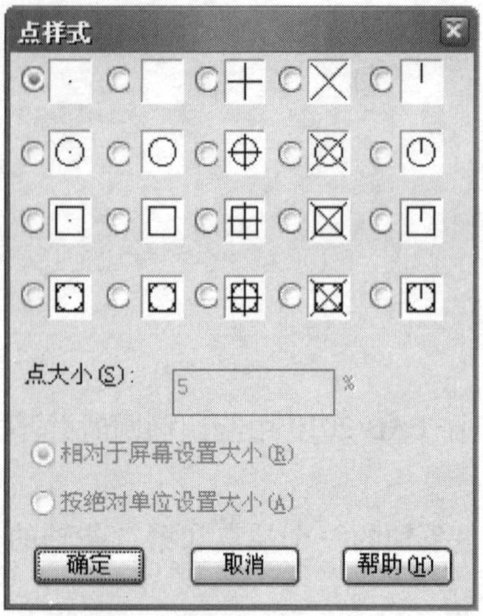

图 3-6　点的样式设置对话框

- 工具栏：【绘图】⇨【点】。
- 命令行：Ddptype。

通过单击【格式】⇨【点样式】或在命令行输入 Ddptype 可以弹出点样式的对话框，在该对话框中可以进行点的样式设置。点的样式设置好以后，接下来就可以绘点了。如图 3-6 所示。

3.4.2　绘制点(Point)

- 下拉菜单：【绘图】⇨【点】⇨【定数等分】。
- 命令行：Divide(DIV)。

Divide(DIV)命令可以在直线、圆、圆弧等对象上绘制等分点或在等分点处插入图块，等分点数目在 2 ~ 32767 之间。

3.4.3　操作实例

如图 3-7 所示，用 Divide 命令将一条线条 8 等分，在图 3-7 分点处插入明显的点的记号，其具体操作如下：

```
命令：divide↙
选取分割对象：点取线条↙
块(B)/<分段数>：8↙
```

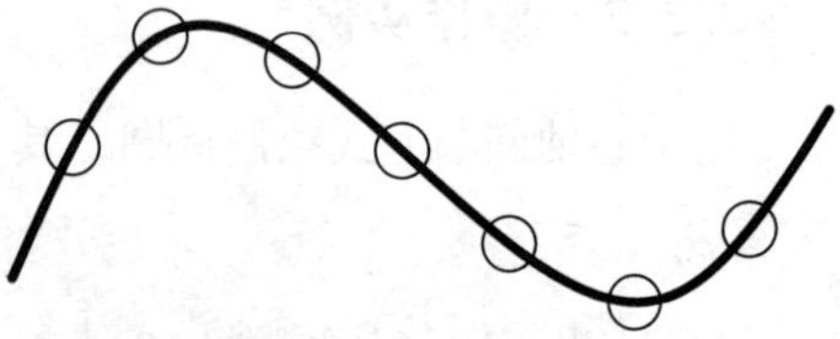

图 3-7　用 Divide 命令将一条线条 8 等分

提示：执行命令 Divide 后，点的标记没有在图样上显示出来，这时可以执行 Settings 命令来设置点的形式及大小，最后用 Regen 命令来重新生成图样。多点的绘制也可以绘制定距等分。

3.5　绘制矩形(Rectangle)及正多边形(Polygon)

3.5.1　命令功能

矩形是指单一的平面图形，当然也可以用四条直线来代替。

- 下拉菜单：【绘图】⇨【矩形】。
- 工具栏：【绘图】⇨【矩形】。
- 命令行：Rectangle(REC)。

CAD 2010 的绘矩形命令为 Rectangle。它是通过确定矩形对角线上的两个点来绘的。使用该命令，除了能绘常规的矩形之外，还可以绘倒角或圆角的矩形。

执行矩形命令后，CAD 命令行提示：“倒角(C)/标高(E)/圆角(F)/旋转(R)/方形

(S)/厚度(T)/宽度(W)/ <选取方形的第一点>:”。

(1)倒角(C):设置矩形角的倒角大小,并绘带倒角的矩形。

(2)标高(E):确定矩形在三维空间内的基面高度。

(3)圆角(F):设定矩形四角为圆角及半径大小。

(4)旋转(R):旋转操作可重新安排矩形为任意角度。

(5)方形(S):矩形工具也可绘制正方形,不指定矩形对角,而直接指定矩形的大小即可得到正方形。

(6)厚度(T):设置矩形的厚度,即Z轴方向的高度。

(7)宽度(W):设置矩形的线宽。如果该线宽为0,则根据当前图层的缺省线宽来绘矩形;如果该线宽>0,则根据该宽度而不是当前图层的缺省线宽来绘矩形。

提示:矩形及后面的正多边形和多段线等,从外观上看都有若干条边,但它们实际上只是一条多段线。与多条直线围成的图形根本不同的是,这类多段线所形成的封闭图形可以在三维空间中进行实体拉伸。此外,这类多段线还可以通过分解命令使之分解成若干单个的线段。

3.5.2 绘制正多边形

- 下拉菜单:【绘图】⇨【正多边形】。
- 工具栏:【绘图】⇨⬠。
- 命令行:Polygon(POL)。

在CAD 2010中,绘正多边形的命令是“Polygon”。它可以精确绘3~1024条边的正多边形。

发出“Polygon”命令后,CAD2010出现如下的提示:“多边形:polygon 输入边的数目<4>:边数> <4>:”,键入边数后,系统继续提示:“确定:边缘(E)/<多边形中心>:”。

(1)多个(M):如果准备多次使用要绘制的多边形,在执行Polygon(POL)命令后,首先键入M,然后再选择绘制多边形的方法。

(2)线宽(W):键入W后,系统提示:键入多段线的宽度值。

(3)边缘(E):键入E后,系统提示:键入边缘第一端点及第二端点。通过这两点可以决定多边形的边长。

(4) <多边形中心>:指定多边形的中心点。

在多边形的绘制过程中,还可能出现以下一些选项:

(5)边(S):键入S后,系统将以边多边形绘制方法,即通过定义多边形的中心点和中心到边距离的方式生成一个等边多边形。

(6)顶点(V):键入V后,系统将以顶点多边形绘制方法,即通过定义多边形的中心点和中心到顶点距离的方式生成一个等边多边形。

3.5.3 操作实例

绘制如图 3-8 所示的正六边形，其具体操作如下：

图 3-8 正六边形

命令：polygon ↙

输入边的数目 <4>：6 ↙

指定正多边形的中心点或【边(E)】：点取点 A

输入选项【内接于圆(I)/外切于圆(C)】<I>：↙

指定圆的半径：50 ↙

3.6 绘制其他图线

3.6.1 圆环(Donut)

1. 命令启动

- 下拉菜单：【绘图】⇨【圆环】。
- 命令行：Donut（DO）。

2. 命令说明

Donut 命令用于在指定的位置绘制指定内外直径的圆环或填充圆，圆环是由封闭的带宽度多段线组成的实心填充圆或环。可用多种方法绘制圆环，缺省方法是给定圆环的内、外直径，然后给定它的圆心，通过给定不同圆心点可以生成多个相同的圆环。

启动绘制圆环命令最好是在命令行中输入“Donut”或“Do”并回车。

3. 实例操作

用 Donut 命令绘制如图 3-9 所示图形，其具体操作如下：

命令：Donut ↙

指定圆环的内径 <50.0000>：60 ↙

指定圆环的外径 <100.0000>：100 ↙

指定圆环的中心点或 <退出>：在 A 点点取圆环中心点，回车结束命令，完成操作

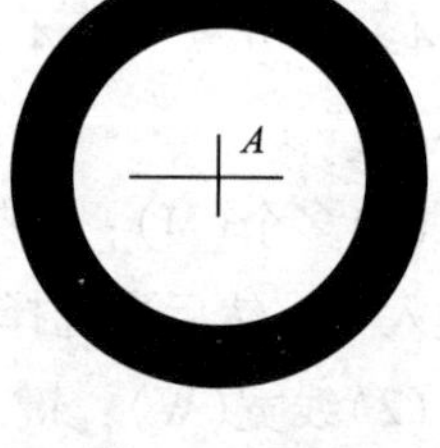

图 3-9 用 Donut 命令绘制图形

3.6.2 徒手画线(Sketch)

- 命令行：Sketch。

在绘图中，有时需要绘一些不规则的线，因此 CAD 2010 为用户提供了绘徒手线的命令 Sketch。该命令是通过记录光标的轨迹来绘徒手线的。可以用鼠标，也可以用数字化仪及光笔来完成。

Sketch 命令所画的线条，实际上是由许多条小的直线段所构成，这些直线段的长度可以通过“记录增量”来控制，增量越小，生成的曲线越光滑，但也同时会增加大量的直线

段，导致图形文件过大。

利用 Sketch 命令可以徒手绘制图形、轮廓线及签名等。

在 CAD 2010 中 Sketch 命令没有对应的菜单或工具按钮，因此要使用该命令，必须在命令行中输入 Sketch，回车即可启动徒手画线的命令，给出分段长度，屏幕上出现了一支铅笔，鼠标轨迹变为线条。工程图上很少使用。

3.6.3 多段线(Pline)

1. 命令启动

- 下拉菜单：【绘图】⇨【多段线】。
- 工具栏：【绘图】⇨【多段线】。
- 命令行：Pline(Pl)。

Pline(Pl)命令为用户提供了方便快捷的作图方式，使用该命令可以绘制由若干直线和圆弧连接而成的不同宽度的曲线或折线，可以绘制直线箭头和弧形箭头，并且无论该多段线中含有多少条直线或圆弧，它们都是一个实体，可以用多段线修改命令 Pedit 对其编辑修改。

2. 命令说明

指定起点：

当前线宽为 0.0000

指定下一个点或【圆弧(A)/半宽(H)/长度(L)/放弃(U)/宽度(W)】，后面根据提示操作即可。

3. 操作实例

例 1：用 PL 命令画箭头，如图 3-10 所示，直线段长 30，宽 5，箭头长 25，宽 10。

```
命令：_pline↙
指定起点：
当前线宽为 0.0000↙
指定下一个点或【圆弧(A)/半宽(H)/长度(L)/放弃(U)/宽度(W)】：w↙
指定起点宽度 <0.0000>：5↙
指定端点宽度 <5.0000>：5↙
指定下一个点或【圆弧(A)/半宽(H)/长度(L)/放弃(U)/宽度(W)】：30↙
指定下一点或【圆弧(A)/闭合(C)/半宽(H)/长度(L)/放弃(U)/宽度(W)】：w↙
指定起点宽度 <5.0000>：10↙
指定端点宽度 <10.0000>：0↙
指定下一点或【圆弧(A)/闭合(C)/半宽(H)/长度(L)/放弃(U)/宽度(W)】：25↙
指定下一点或【圆弧(A)/闭合(C)/半宽(H)/长度(L)/放弃(U)/宽度(W)】：结束
```

图 3-10 用 PL 命令绘制箭头

3.6.4 绘制样条曲线(Spline)

1. 命令功能

- 下拉菜单:【绘图】⇨【样条曲线】。
- 工具栏:【绘图】⇨【样条曲线】。
- 命令行:Spline(SPL)。

Spline(SPL)命令绘制的样条曲线是由一组点定义的一条光滑曲线。可以用样条曲线生成一些诸如涡轮叶片或飞机机翼等物体的形状。

2. 命令说明

执行Spline(SPL)命令后,命令行提示:"样条第一点:",直接点取一点,系统继续提示:"第二点:",点取第二点后,系统继续提示:"闭合(C)/拟合公差(F)/<下一点>:",直至选到需要的位置,然后按三次回车键,完成曲线。

3. 操作实例

用Spline命令绘制如图3-11所示流线型样条曲线,其具体操作如下:

命令:_spline↙
指定第一个点或[对象(O)]:拾取A↙
指定下一点:拾取B↙
指定下一点:拾取C↙
指定下一点:拾取D↙
指定下一点或[闭合(C)/拟合公差(F)]<起点切向>:回车,回车,回车,结束完成

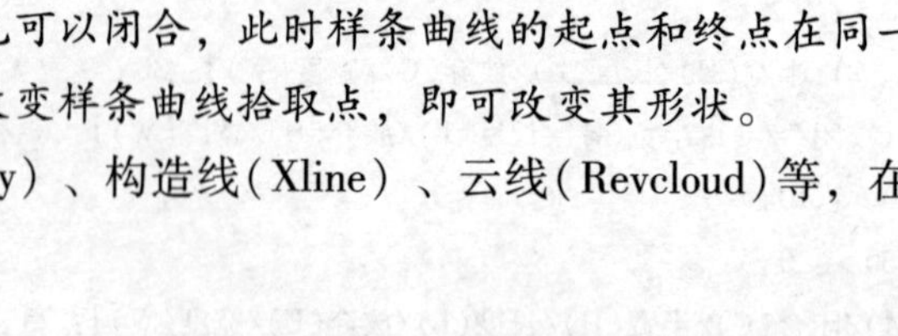

图3-11 用Spline命令绘制流线型样条曲线

提示:样条曲线也可以闭合,此时样条曲线的起点和终点在同一点,所以,只需给定一条样条曲线切线,改变样条曲线拾取点,即可改变其形状。

其他还有射线(Ray)、构造线(Xline)、云线(Revcloud)等,在工程上应用不多,请读者自行学习。

习 题

1. 填空题

(1)(　　　　)命令用于在选择的实体上用给定的距离放置点或图块。

(2)CAD2010提供了专门用来绘制正多边形的Polygon命令,利用这一命令可以方便地绘制出边数从(　　　　)到(　　　　)的正多边形。

(3)弧线的绘制主要包括绘制圆、圆弧、(　　　　)和椭圆弧。

(4)用户只要指定圆环的(　　　　)和(　　　　)，就可以连续取圆心绘制去多个圆环。

2. 绘制出下列图形。

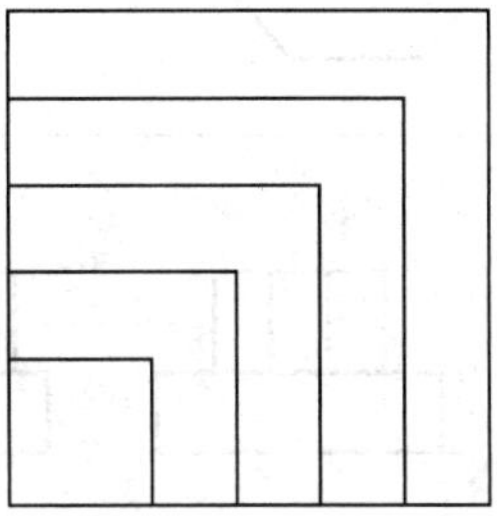

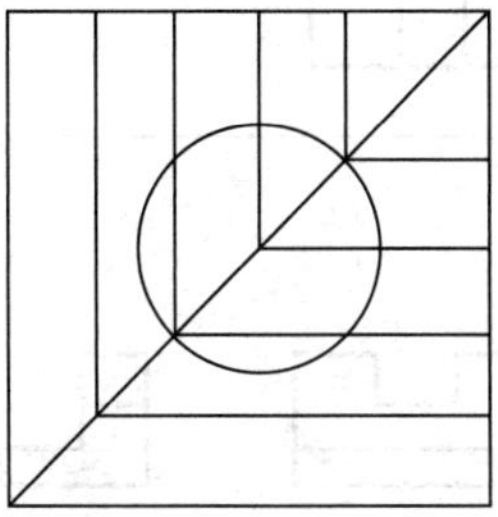

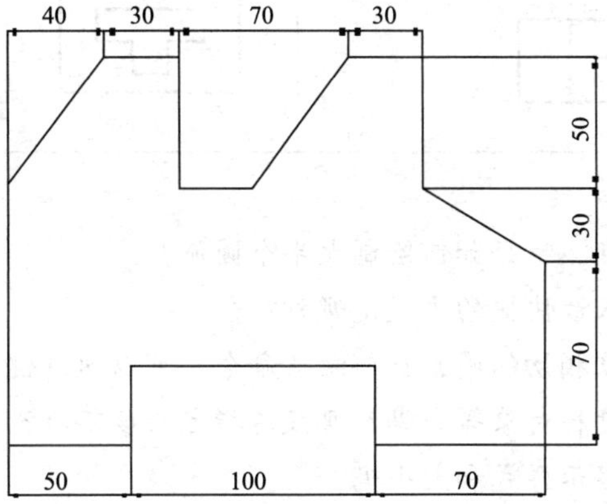

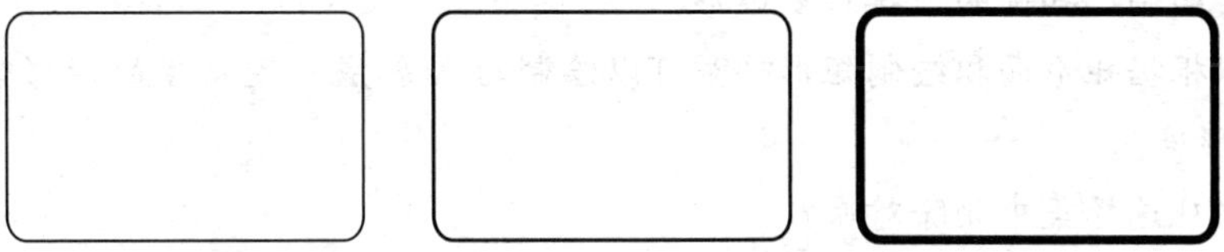

3. 绘制如图所示图形，分别是半径等于20的圆内接正多边形和圆外切正多边形。

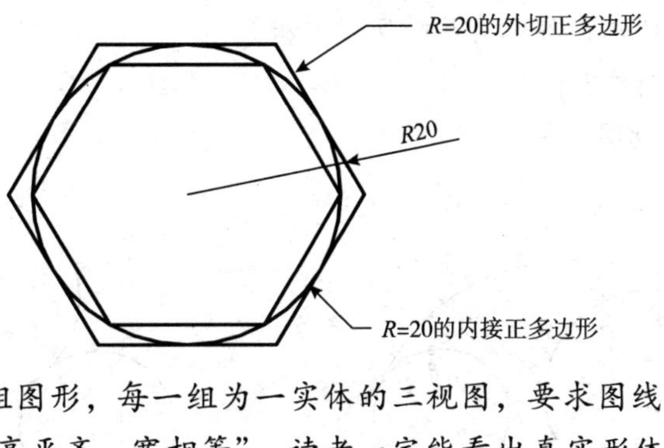

4. 作出下列的四组图形，每一组为一实体的三视图，要求图线符合投影图的基本原则，即要求“长对正，高平齐，宽相等”，读者一定能看出真实形体，如果不行，请补习“工程制图”相关知识。

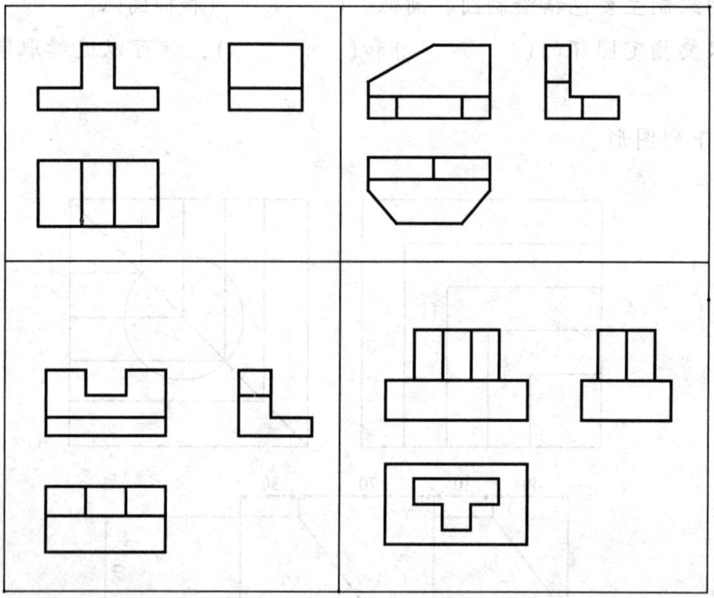

5. 问答题

(1)根据起点、端点、半径如何绘制大半个圆弧？

(2)绘图时坐标输入最快捷的方式是哪种？

(3)绘制与三个对象相切的圆，如何激活命令？可以通过键盘输入实现吗？

(4)可以按指定长度将对象等分吗？哪段与指定长度不符？

(5)可以控制点的显示样式和大小吗？

(6)怎样绘制已知圆的内接正多边形？

(7)可以根据矩形面积绘制矩形吗？可以绘制与X轴成一定角度的矩形吗？可以绘制带圆角的矩形吗？

(8)如何从选择集中删除对象？

(9)窗口方式和窗交方式构造选择集的区别是什么？直接从右向左选择构造选择集是窗口还是窗交？

(10)如何绘制椭圆弧？可以有几种实现方法？

(11)如何绘制双折线？

6. 作出下面的公切圆。

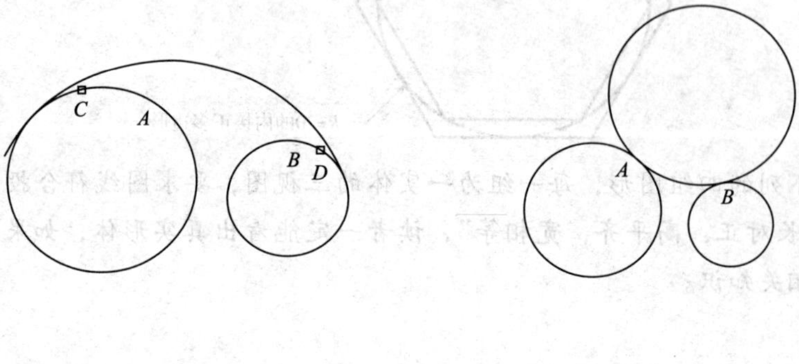

7. 作图

画出下列的图形。其中(a)、(b)、(c)、(d)四组为一实体的主俯视图，能看出真实形体吗？其余各图未作过多要求。

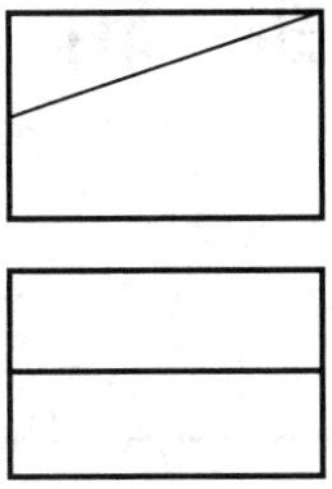
(a)

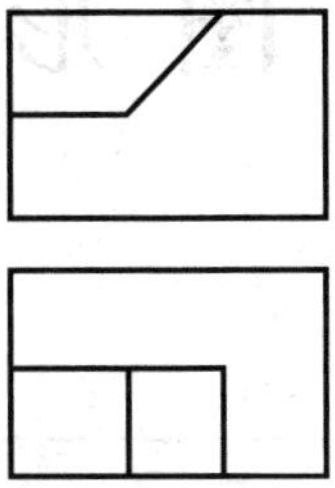
(b)

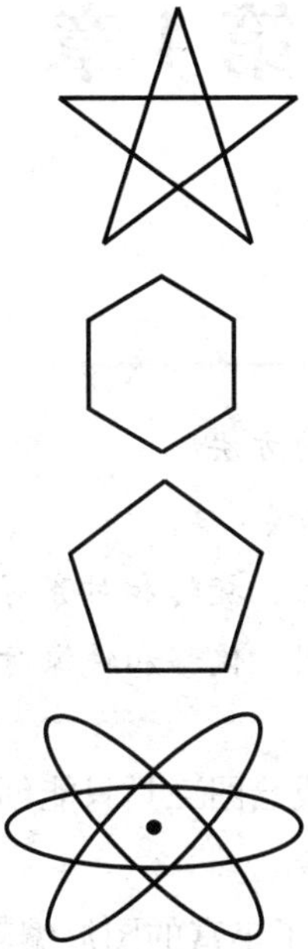

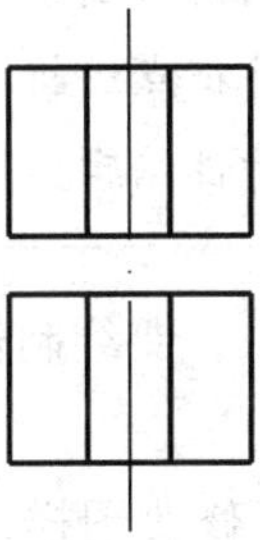
(c)

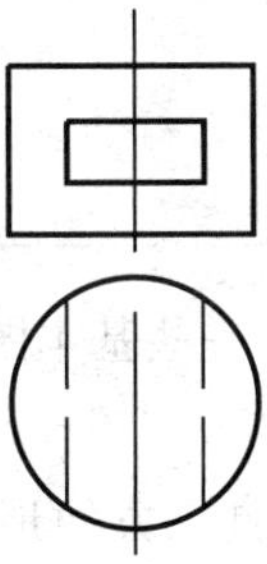
(d)

第4章 图形编辑

本章主要内容

- 选择对象的方法
- 常用编辑命令
- 删除、移动、旋转和对齐对象
- 复制、阵列、偏移和镜像对象
- 修改对象的形状和大小
- 倒角、圆角和打断
- 特征点编辑
- 特性编辑

使用绘图命令或绘图工具只能创建出一些基本图形对象，要绘制较为复杂的图形，须借助于图形编辑命令。

CAD 2010 提供了丰富的图形编辑工具，方便地编辑、修改图样，合理地构造和组织图形，简化绘图操作，极大地提高了绘图效率。

本章主要介绍 CAD 2010 中基本的编辑命令。学习本章中的编辑命令时，应当注意前面的章节中介绍的基本的绘图命令的使用，只有充分地将绘图、编辑命令结合起来，才能有效地提高绘图的效率与质量。

4.1 对象的选择

在对图形进行编辑操作之前，首先需要选择要编辑的对象。

CAD2010 用虚线亮显所选的对象。选择对象的基本方法可以归纳为：

1. 直接选择

即利用鼠标在所需编辑的图形实体上直接点取，需要多少选多少，简单明了。

2. 框选

对于多个对象需要快速选取时，单个的选择就显得麻烦了，此时可用两种框选方法来快速选取：

(1)在对象附近空白处点鼠标并向右(上下无关)移动鼠标，此时会在屏幕上显示带颜色的实线方框区域，凡是整体进入该区域的对象将被完全选中。

(2)在对象附近空白处点鼠标并向左(上下无关)移动鼠标，此时会在屏幕上显示带颜色的虚线方框区域，凡是被该区域接触的对象将被完全选中。

4.2　复制类编辑

4.2.1　复制(Copy)

1. 命令功能

- 下拉菜单：【修改】⇨【复制】。
- 工具栏：【修改】⇨【复制】。
- 命令行：Copy(CO 或 CP)。

Copy 命令能将多个对象复制到指定位置。

2. 命令说明

执行 Copy 命令后，CAD 2010 命令行提示：

选择对象：找到 1 个或更多，回车结束选择对象
当前设置：复制模式 = 多个
指定基点或【位移(D)/模式(O)】<位移>：指定第二个点或 <使用第一个点作为位移>：
指定第二个点或【退出(E)/放弃(U)】<退出>：

基点：基点是复制对象的基准点，基点可以指定在被复制的对象上，也可以不指定在被复制的对象上。

3. 操作实例

用 Copy 命令复制图 4-1(a)所示的图形。操作如下：

命令：Copy↙
选取复制对象：点选点 A↙
另一角点：点选点 B↙
选择集中的对象：1
选取复制对象：多次(M)/向量(V)/<基点>：点选点 C↙
位移点：点选点 D↙
命令：回车结束命令

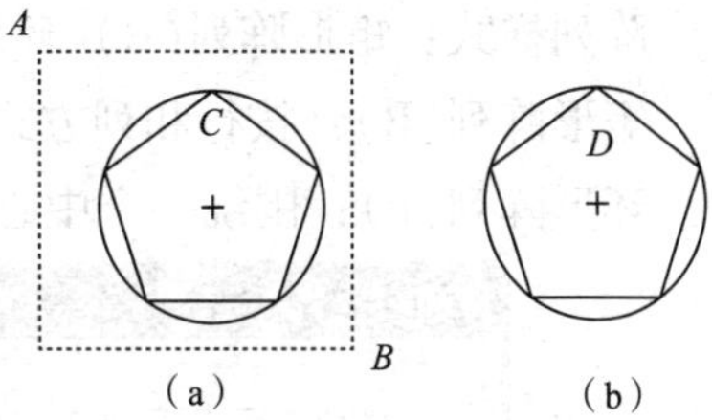

图 4-1　用 Copy 命令复制图形

提示： 其实使用 Copy 命令的最简单方法是先选择对象，然后用鼠标右键，选择“带基点复制”，然后根据提示操作即可。

4.2.2　镜像(Mirror)

1. 命令功能

- 下拉菜单：【修改】⇨【镜像】。
- 工具栏：【修改】⇨【镜像】。
- 命令行：Mirror(MI)。

Mirror 命令用于复制具有对称性或部分具有对称性的图样，将指定的对象按给定的镜

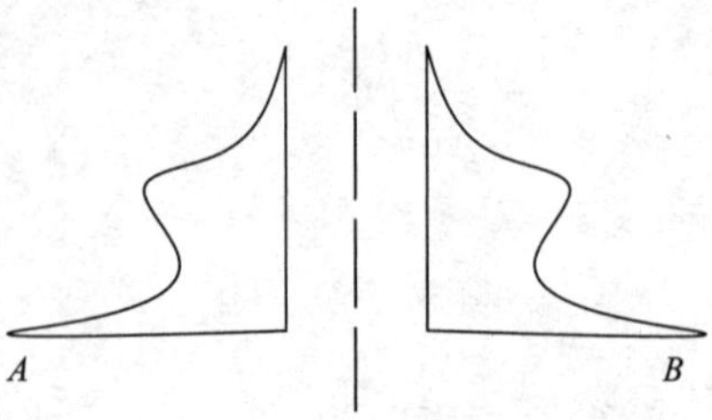

图4-2 用 Mirror 命令复制图形

像线镜像处理。如图 4-2 所示以中间轴线为基准线将 A 图镜像为 B 图。

2. 命令说明

执行 Mirror 命令后，CAD 2010 会提示："选择镜像对象:"，当选择好镜像对象后，系统再次提示："选择镜像线:"，指定镜像线起点、终点，提示是否删除原来的对象？ <否[N]>:，默认值 N，即不删除，如需删除输入[Y]即可。

提示： 对某些具有对称线(面)，但不完全对称的图样，也可以用 Mirror 命令操作，然后稍作编辑即可。

4.2.3 阵列(Array)

1. 命令功能

- 下拉菜单：【修改】⇨【阵列】。
- 工具栏：【修改】⇨【阵列】。
- 命令行：Array(AR)。

Array 命令用于按矩形或环形方式一次性复制多个指定的对象。

2. 命令说明

执行 Array 命令后，CAD 2010 将打开如图 4-3 所示"阵列"对话框，其选项含义及功能如下：

阵列样式：矩形阵列(R)/环形阵列(P)，默认是矩形阵列(R)。

矩形阵列(R)：按行和列方式来复制对象。

环形阵列(P)：围绕一个中心点作等角距来复制对象。

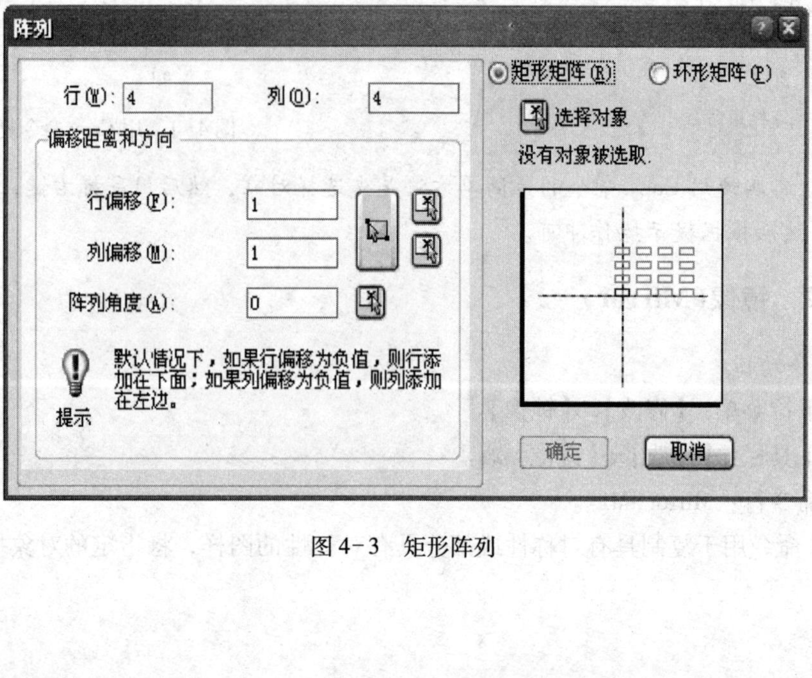

图4-3 矩形阵列

1)矩形阵列(R)

执行 Array 命令出现“阵列”对话框，做矩形阵列操作如下：

(1)选择单选按钮“矩形阵列”。

(2)在“行”和“列”编辑框输入矩形阵列的行数和列数。

(3)设置“偏移距离和方向”的参数。

在“行偏移”编辑框输入阵列的行间距。

在“列偏移”编辑框输入阵列的列间距。

在“阵列角度”编辑框输入阵列的倾斜角度。

行偏移、列偏移可有正、负，若行偏移为正，阵列向上方复制；列偏移为正，阵列向右方复制；否则相反。而“阵列角度”则是“行”与当前 UCS 的 X 轴的夹角。

(4)单击【选择对象】按钮，切换到图形窗口，选择阵列的源对象。当选择完按回车键返回对话框，此时可单击【确定】按钮以结束操作。

2)环形阵列(R)

执行 Array 命令出现“阵列”对话框，作环形阵列的操作如下：

(1)选择单选按钮“环形阵列”。阵列对话框将切换为如图 4-4 所示的样式。

(2)在“中心点”的编辑框输入环形阵列中心点的 X、Y 坐标。也可以单击拾取按钮在图形窗口直接拾取。

(3)在“方法和值”区确定构成环形阵列所使用的方法与有关数值。

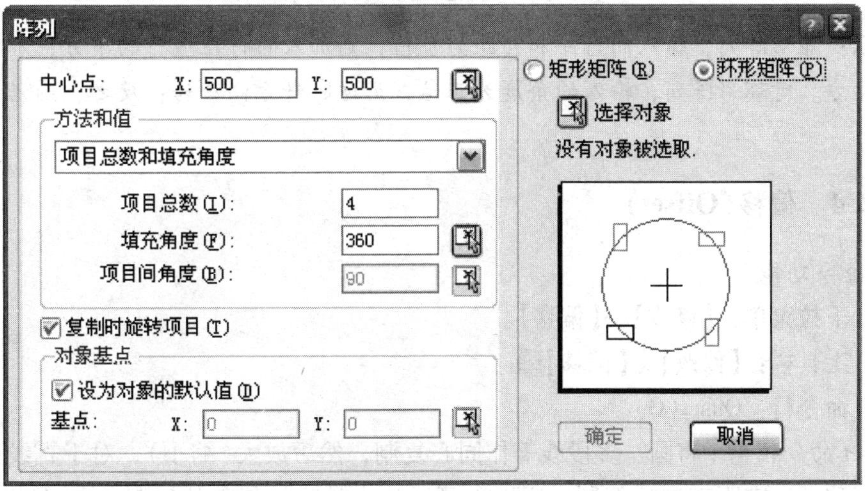

图 4-4　环形阵列

默认为“项目总数和填充角度”，“项目总数”中应包括源对象本身。“填充角度”是指总的填充角。输入角度如为正，将按逆时针方向进行环形复制；为负则按顺时方向复制。选完方法后既可在该区相应的编辑框输入参数。也可以单击按钮在图形窗口中拾取。

(4)如阵列时每个对象都要相对于本身的基点作相应旋转，则选择“复制时旋转项目”复选按钮；否则对象只作平移环形阵列。

(5)单击【选择对象】按钮，切换到图形窗口选择源对象。

3. 操作实例

将图4-5中(a)图用Array命令进行阵列复制为(b)图。操作如下：

命令：Array↙
打开环形阵列对话框，在“中心点”的编辑框单击拾取按钮，点取圆心
在环形阵列对话框中项目总数中输入8↙
在填充角度输入框中输入360↙
单击“选择对象”按钮
选取阵列对象：↙

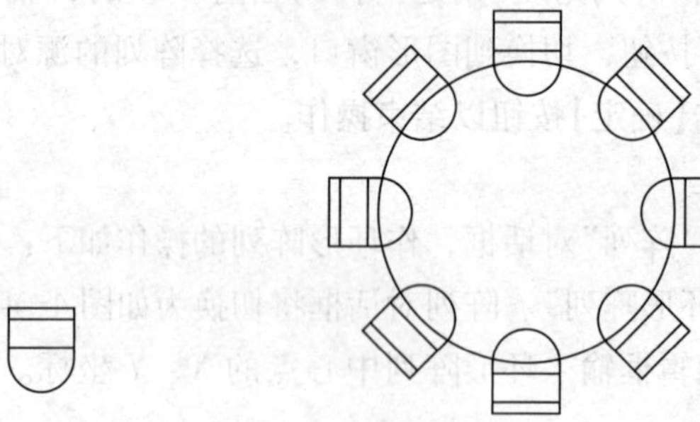

(a)　　(b)

图4-5　用Array命令进行阵列复制

提示：矩形阵列，输入的行距和列距为负值，则加入的行在原行的下方，加入的列在原列的左方。对环形阵列，输入的角度为正值，沿逆时针方向旋转：反之，则沿顺时针方向旋转。

4.2.4　偏移(Offset)

1. 命令功能

- 下拉菜单：【修改】⇨【偏移】。
- 工具栏：【修改】⇨【偏移】。
- 命令行：Offset(O)。

Offset命令相当于将圆、多段线等作同心复制，然后放大(缩小)，对于直线而言，相当于平行移动一定距离进行复制。所以也可以认为是一种特殊的复制，在CAD 2010中，Offset命令可操作的对象有直线、圆、圆弧、二维多段线、椭圆、椭圆弧、射线和构造线等。

2. 命令说明

执行Offset命令后，系统提示：“偏移：回车 经由点/＜距离(D)＞：”，回车后提示：“经由点：”，再回车系统提示确定选择对象，接着提示：“经由点：”，指定经由点。

距离(D)：直接输入平移距离，或用点选或键入两点坐标确定距离，系统提示：“选择对象”，接着提示：“两边(B)/ < 平移方向 > :”，键入 B，两边同时复制对象；或点击要平移的方向完成复制。

3. 操作实例

如图 4-6 用 Offset 命令平移曲线 A，相距 A 100 成为曲线 B。操作如下：

命令：_offset↙

当前设置：删除源 = 否　图层 = 源　OFFSETGAPTYPE = 0↙

指定偏移距离或［通过(T)/删除(E)/图层(L)］<50.0000>：100↙

选择要偏移的对象，或［退出(E)/放弃(U)］<退出>：点取 A 曲线↙

指定要偏移的那一侧上的点，或［退出(E)/多个(M)/放弃(U)］<退出>：

在 A 曲线下方空白处点击鼠标，完成操作

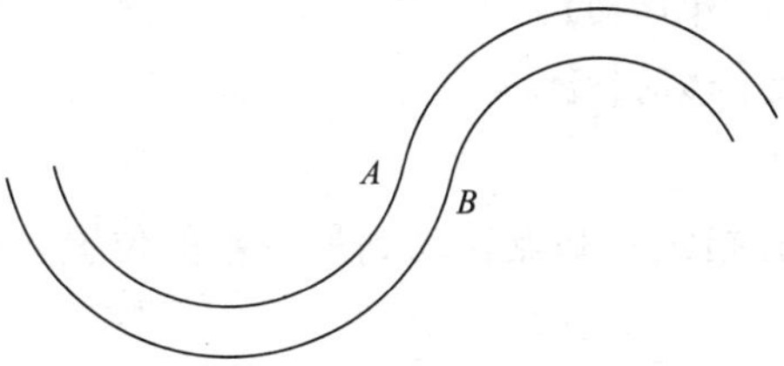

图 4-6　用 Offset 命令平移曲线

提示：弯曲实体的偏移会改变曲线的曲率，这取决于复制体在原实体的哪一边。

4.2.5　删除(Erase 或 Delete)

1. 命令功能

或：Erase(E)

Delete 命令用于删除作图中间过程的图线或多余的图线。

2. 命令说明

执行 Delete 命令后，CAD 2010 会提示：“选择删除对象”，可以用点选的方式选择要删除的对象，在此重复提示下敲回车键或按鼠标右键。

3. 操作实例

用 Delete 命令删除图 4-7(a)中圆和五边形，如图 4-7 (b)所示。操作如下：

命令：Erase(E)↙

选取删除对象：点选圆↙

选择集中的对象：1↙

选取删除对象：点选五边形↙

选择集中的对象：2↙

选取删除对象↙

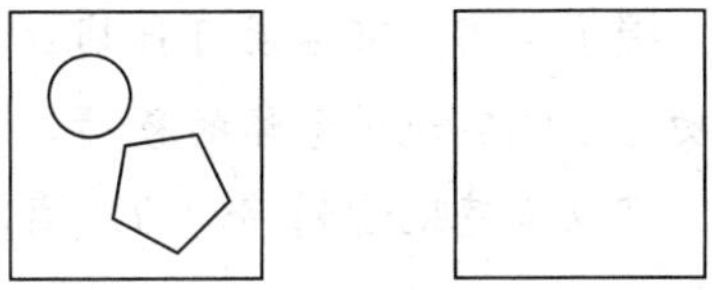

(a)　(b)

图 4-7　用 Delete 命令删除图形

提示：执行 Delete 命令后，选择的对象在屏幕上消失，但它们只是临时性地删除，不

退出当前图样或不存盘，都可以用 Oops、Undelete 或 Undo 命令将删除的对象恢复。键入 Undelete 命令还原最近的删除选择设置。如果删除实体后又有了其他操作，用 Undelete 还原实体不像 Undo 将还原所有修改。在“选择删除对象:”提示下，要采用目标选择方式来选择要删除的对象，键入 L，则删除所有选定的图线。

4.3 位移类命令

CAD2010 提供了改变对象方位(如坐标、角度)类要素的命令，下面分别介绍。

4.3.1 移动(Move)

1. 命令功能

- 下拉菜单:【修改】⇨【移动】。
- 工具栏:【修改】⇨【移动】✥。
- 命令行: Move(M)。

Move 命令用于将对象在指定的基点移动到另一新的位置。移动过程中并不改变对象的尺寸和方向。

2. 命令说明

执行 Move 命令后，CAD 2010 命令行提示：选择对象：找到 1 个，选择对象：

指定基点或［位移(D)］ <位移>：指定第二个点或 <使用第一个点作为位移>：

基点：基点是移动对象的基准点，基点可以指定在被移动的对象上，也可以不指定在被移动的对象上。

3. 操作实例

用 Move 命令将图 4-8(a)中 A 点图形移至 B 点。操作如下：

命令：Move↙
选取移动对象：框选对象
提示已选择对象数↙
指定移动的基点：以左上角角点为基点
位移到 B 点

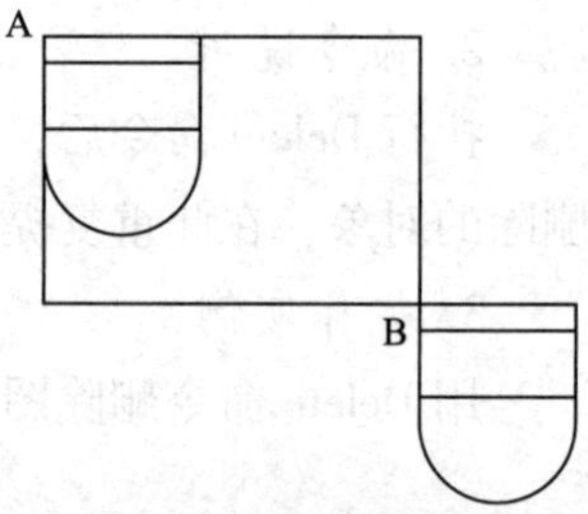

图 4-8 用 Move 命令进行移动

提示：用户可借助目标捕捉功能来确定移动的位置。夹点功能也能实现对形体的移动。移动对象最好是将“极轴”打开，可以清楚地看到移动的距离及方位。

4.3.2 旋转(Rotate)

1. 命令功能

- 下拉菜单:【修改】⇨【旋转】。

- 工具栏：【修改】⇨【旋转】。
- 命令行：Rotate(RO)。

Rotate 命令用于将所选对象绕指定的基点旋转指定的角度。

2. 命令说明

执行 Rotate 命令后，CAD 2010 命令行提示："选择旋转对象:"然后继续提示："旋转点:"，键入旋转点后，然后继续提示："基准角度/ <旋转角度>:"。

旋转点：旋转基点

旋转角度：对象相对于基点的旋转角度，其有正负之分，当键入正角度时，对象将沿逆时针旋转；反之则沿顺时针方向旋转。

基准角度：系统指定当前参考角度。

3. 操作实例

用 Rotate 命令将图 4-9(a)图形旋转为图 4-9(b)，旋转 -90°。操作如下：

```
命令：rotate↙
UCS 当前的正角方向：ANGDIR = 逆时针，ANGBASE = 0
找到 19 个
指定基点：指定旋转角度，或［复制(C)/参照(R)］<0>：90↙
回车结束命令
```

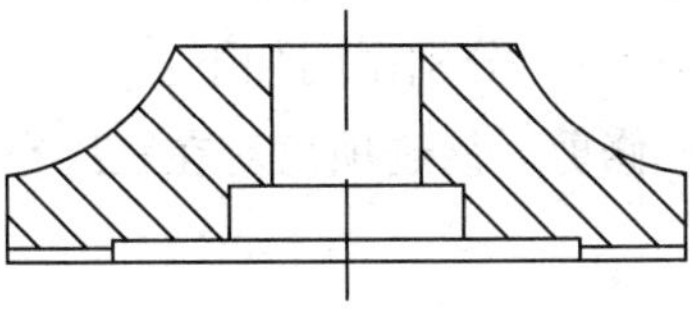

(a)

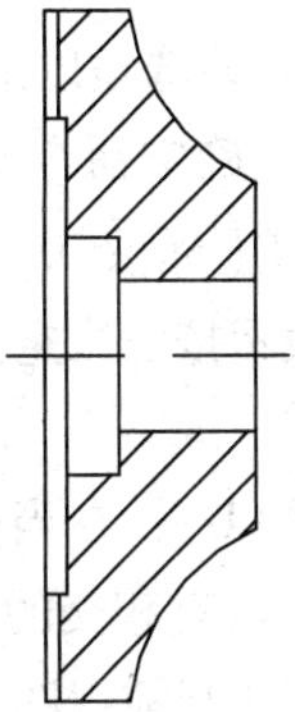

(b)

图 4-9 用 Rotate 命令进行旋转

提示：旋转基点的选择与图样的具体情况有关，但是指定基点最好采用目标捕捉方式。

4.4 图形修改类命令

这类命令指将图形对象的局部进行修改、增减等的操作，包括的命令有修剪、延伸、打断、合并、圆角、倒角等。

4.4.1 修剪对象(Trim)

1. 命令功能

- 下拉菜单:【修改】⇨【修剪】。
- 工具栏:【修改】⇨【修剪】。
- 命令行:Trim(TR)。

Trim 命令利用边界修剪指定的对象。可以被 Trim 命令修剪的对象有直线、圆、圆弧、非封闭的 2D 或 3D 多段线、射线、样条曲线、面域、尺寸、文本等对象;修剪边界可以使用于除图块、网格、三维面、文本、轨迹线以外的任何对象。

2. 命令说明

执行 Trim 命令后,系统提示:"选取切割对象作修剪 < 回车全选 >:",选取对象后,系统接着提示:"边缘模式(E)/围栏(F)/投影(P)/ < 选取对象修剪 >:"。

(1)边缘模式(E):该选项用来确定修剪边的方式。键入 E,系统提示:"延伸(E)/不延伸(N) < 不延伸(N) >:",分别说明如下:

①延伸(E):该选项确定用隐含的延伸边界来修剪对象,而实际上边界和修剪对象并没有真正相交。CAD 2010 会假想将修剪边延长,然后再进行修剪。

②不延伸(N):该选项确定边界不延伸,而只有边界与修剪对象真正相交后才能完成修剪操作。

(2)围栏(F):该选项以围栏选择实体方式选取对象修剪。

(3)投影(P):确定命令执行的投影空间。键入 P,执行该选项后,系统提示:投影(P):无(N)/用户坐标系(U)/视图(V) < UCS >:,分别说明如下:

①无(N):表示按三维空间(非投影)方式修剪。该选项仅对在三维空间中相交的对象有效。

②用户坐标系(U):在当前用户坐标系(U)的 XY 平面上修剪对象。在 XY 平面上可修剪在三维空间中没有相交的对象。

③视图(V):在当前视图投影方向所在的平面上修剪。

(4)撤消(U):取消由 Trim 命令最近所完成的操作。

3. 操作实例

用 Trim 将图 4-10(a)所示的圆形外的直线剪掉,如图 4-10(b)所示,将直线上方圆弧剪掉,如图 4-10(c)所示。操作如下:

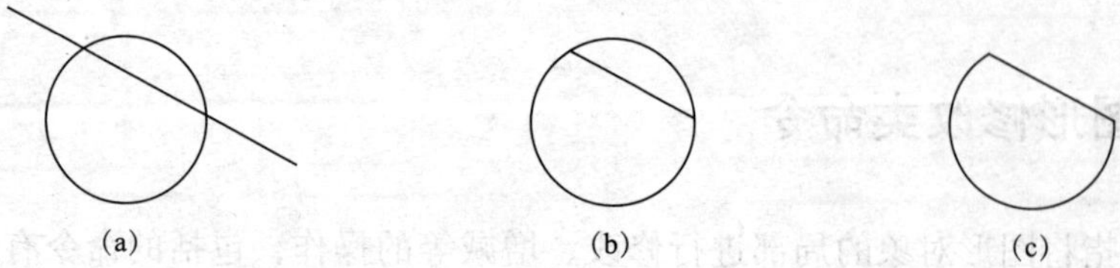

(a)　(b)　(c)

图 4-10 用 Trim 命令将直线及圆弧部分剪掉

命令：_trim↙

当前设置：投影 = UCS，边 = 无

选择剪切边：点取圆↙

选择对象或 <全部选择>：找到 1 个

选择对象：选择要修剪的对象，或按住 Shift 键选择要延伸的对象，或

[栏选(F)/窗交(C)/投影(P)/边(E)/删除(R)/放弃(U)]：点取圆弧外的直线两端完成图(b)↙

选择剪切边：点取直线↙

选择对象或 <全部选择>：找到 1 个↙

选择要修剪的对象，或按住 Shift 键选择要延伸的对象，或[栏选(F)/窗交(C)/投影(P)/边(E)/删除(R)/放弃(U)]：↙

点取直线上方的圆弧，完成图(c)

4. 提示

(1)Trim 命令的一个对象既可以作为修剪边界，本身又可以作为修剪对象。

(2) CAD2010 支持框选，可通过框选方式来选择要修剪的对象，增强了操作的简易性，提高了修剪效率。

(3)Trim 命令可以采用隐含边界，即修剪边可选延长或不延长。如图 4-11 以直线 *B* 修剪直线 *A*。

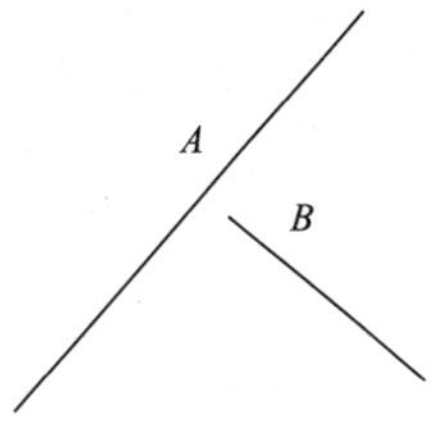

图 4-11 Trim 命令采用隐含边界

4.4.2 延伸(Extend)

1. 命令功能

- 下拉菜单：【修改】⇨【延伸】。
- 工具栏：【修改】⇨【延伸】--/。
- 命令行：Extend(EX)。

Extend 命令用于将指定的对象延伸到指定的边界上。通常能用 Extend 命令延伸的对象有圆弧、椭圆弧、直线、非封闭的 ZD 和 3D 多义线、射线等。如果以一定宽度的 ZD 多义线作为延伸边界，CAD 2010 会忽略其宽度，直接将延伸对象延伸到多义线的中心线上。

2. 命令说明

执行 Extend 命令后，系统提示："选取边界对象作延伸 <回车全选>"，选取对象后，系统继续提示："边缘模式(E)/围栏(F)/投影(P)/撤消(U)/<选取对象延伸>"。

(1)边缘模式(E)：该选项用来确定修剪边的方式。键入 E，系统提示："延伸(E)/不延伸(N) <不延伸(N)>:"，分别说明如下。

①延伸(E)：该选项确定用隐含的延伸边界来修剪对象，而实际上边界和修剪对象并没有真正相交。CAD 2010 会假想将修剪边延长，使延伸边延长到与对象相交的位置。

②不延伸(N)：该选项确定边界不延伸，而只有边界与延伸对象真正相交后才能延伸操作对象。

(2)围栏(F)：该选项以围栏选择实体方式选取延伸对象。

(3)投影(P)：确定命令执行的投影空间。键入P，执行该选项后，系统提示："投影(P)：无(N)/用户坐标系(U)/视图(V) <UCS>："，分别说明如下：

①无(N)：表示按三维空间(非投影)方式延伸。该选项仅对在三维空间中相交的对象有效。

②用户坐标系(U)：在当前用户坐标系(U)的XY平面上延伸对象。在XY平面上可延伸在三维空间中没有相交的对象。

③视图(V)：在当前视图投影方向所在的平面上延伸。

(4)撤消(U)：取消由Extend命令最近所完成的操作。

3. 操作实例

用Extend命令分别延伸图4-12(a)所示的三条直线与左侧斜线C相交，结果如图4-12(b)所示。操作如下：

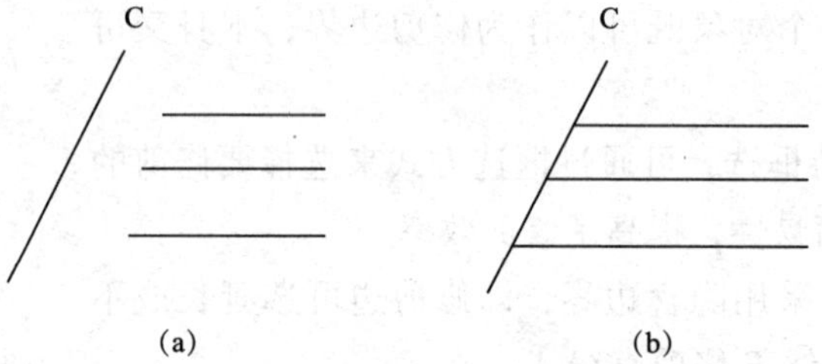

图4-12　用Extend命令分别延伸图

```
命令：_extend↙
当前设置：投影=UCS，边=无
选择边界的边...
选择对象或 <全部选择>：找到1个↙
选择要延伸的对象，或按住Shift键选择要修剪的对象，或[栏选(F)/窗交(C)/投影(P)/边(E)/放弃(U)]：
```

提示：用Extend命令延伸具有线段时，同修剪命令类似，有边界的延伸和不延伸选项，应注意。

4.4.3　修改长度(Lengthen)

1. 命令功能

- 工具栏：【修改】⇨【编辑长度】。
- 命令行：Lengthen(LEN)。

Lengthen命令用于改变直线、圆弧的长度。

2. 选项说明

执行Lengthen命令后，CAD 2010提示："选择对象或【增量(DE)/百分数(P)/全部(T)/动态(DY)】"，各选项分别介绍如下：

(1)动态(DY)：动态地拖拉改变直线或圆弧的长度。键入DY后，按系统提示选取变化对象后，系统接着提示指定线上的新终点。

(2)增量(I)：通过键入增量来延长或缩短对象。

(3)百分比(P)：以总长的百分比的方式来改变直线或圆弧的长度。

(4)全部(T)：输入的参数即为拉长后的总长。

3. 操作实例

用命令 lengthen 将图 4-13(a)的线段延长 50 成为图(b)

(a) (b)

图 4-13 用 lengthen 命令将线段拉长

命令：_lengthen↙

选择对象或【增量(DE)/百分数(P)/全部(T)/动态(DY)】：de↙

输入长度增量或【角度(A)】<0>：50↙

选择要修改的对象或【放弃(U)】：点线段右侧，即增长 50

4.4.4 倒角(Chamfer)

1. 命令功能

- 下拉菜单：【修改】⇨【倒角】。
- 工具栏：【修改】⇨【倒角】。
- 命令行：Chamfer。

通过延伸或修剪的方法，Chamfer 命令用一条斜线连接两个非平行的对象。可用于倒角的对象有直线、多段线、构造线和射线等；此外，Chamfer 命令还可以对三维实体进行倒角处理。

执行 Chamfer 命令后，系统提示：(“修剪”模式) 当前倒角距离 1 =0.0000，距离 2 =0.0000

选择第一条直线或【放弃(U)/多段线(P)/距离(D)/角度(A)/修剪(T)/方式(E)/多个(M)】：

2. 选项说明

首次使用时先输入“距离(D)”选项后，系统将提示倒角修剪的 2 段距离，然后即可修剪倒角。

3. 操作实例

用 Chamfer 命令将图 4-14(a)所示的用多段线绘制的四边形倒角，结果如图 4-14(b)所示。

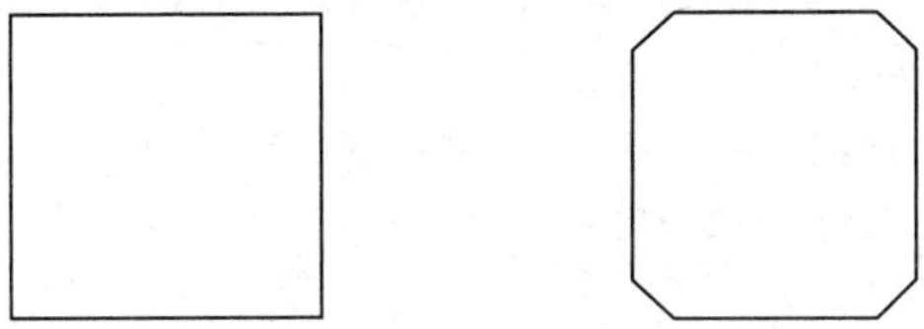

(a) (b)

图 4-14 用 Chamfer 命令绘制图形

操作如下：

命令：Chamfer↙
（“修剪”模式）当前倒角距离 1 = 0.0000，距离 2 = 0.0000
选择第一条直线或［放弃(U)/多段线(P)/距离(D)/角度(A)/修剪(T)/方式(E)/多个(M)］：d↙
指定第一个倒角距离 <0.0000>：10↙
指定第二个倒角距离 <10.0000>：10↙
选择第一条直线或［放弃(U)/多段线(P)/距离(D)/角度(A)/修剪(T)/方式(E)/多个(M)］
选择第二条直线，或按住 Shift 键选择要应用角点的直线
重复上述命令 4 次即可完成。

4.4.5　圆角(Fillet)

1. 命令功能

- 下拉菜单：【修改】⇨【圆角】。
- 工具栏：【修改】⇨【圆角】⌝。
- 命令行：Fillet(F)。

Fillet 命令用一段指定半径的圆弧光滑地连接两个对象。它可以处理的对象有直线、多段线(非圆弧)、样条曲线、构造线、射线等，但是圆、椭圆等不能倒圆角。同 Chamfer 一样，Fillet 命令也能对三维实体进行操作。

2. 选项说明

执行 Fillet 命令后，

命令：_fillet↙
当前设置：模式 = 修剪，半径 = 0.0000
选择第一个对象或【放弃(U)/多段线(P)/半径(R)/修剪(T)/多个(M)】：R↙
指定圆角半径 <0.0000>：

3. 操作实例

用 Fillet 命令将图 4-15(a)所示的用多段线绘制的四边形倒圆角，结果如图 4-15(b)所示。操作如下：

命令：Fillet↙
当前设置：模式 = 修剪，半径 = 0.0000
选择第一个对象或［放弃(U)/多段线(P)/半径(R)/修剪(T)/多个(M)］：R↙
指定圆角半径 <0.0000>：10↙
选择第一个对象或［放弃(U)/多段线(P)/半径(R)/修剪(T)/多个(M)］
选择第二个对象，或按住 Shift 键选择要应用角点的对象
重复上述操作完成

(a)　　(b)

图 4-15　用多段线绘制的四边形倒圆角

4. 提示

倒角和圆角的命令不仅可以用于两条直线之间，也可以用于直线与圆弧、圆弧与圆弧之间的修剪。

(1)倒圆具有关联性的剖面线区域的边界时，如果由 Line 形成的边界，则倒圆后，剖面线的关联性撤消；如果是多段线形成的边界，则倒圆后，保留剖面线的关联性。

(2)当圆角半径设为 0 时，Fillet 命令延伸两条直线使之相交，但是不产生倒圆。

(3)当倒角一条多段线时，可以采用选取对象的方式在多段线两分段间圆角多个分段，或者采用多线段(P)方式倒角整个多段线。

(4)在多段线中，如果一条弧线段隔开两条相交的直线段，那么该弧线段在倒角时被删除而替代为一个圆角。如图 4-16(a)中的多段线圆角后的结果如图 4-16(b)所示。

(a) 倒圆角前　　(b) 倒圆角后

图 4-16　带弧线段多段线的倒圆角

(5)默认状态下，延伸超出圆角的实体部分通常被删除，可以通过在绘图设置对话框中确定删除角或保留角。

习　题

绘制如下图形

(1)

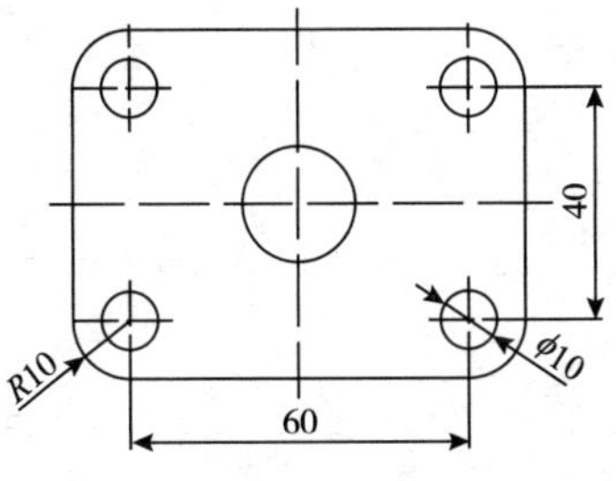

(2)

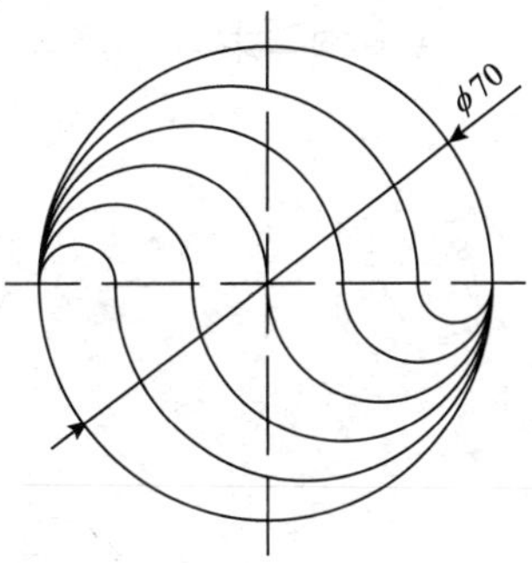

(3)

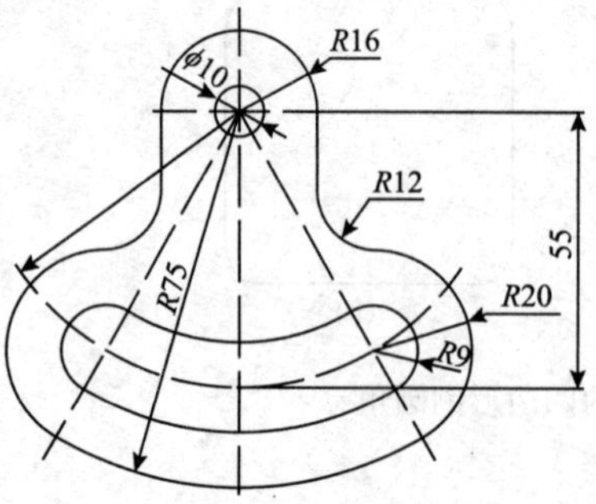
ϕ10
R16
R12
55
R75
R20
R9

(4)

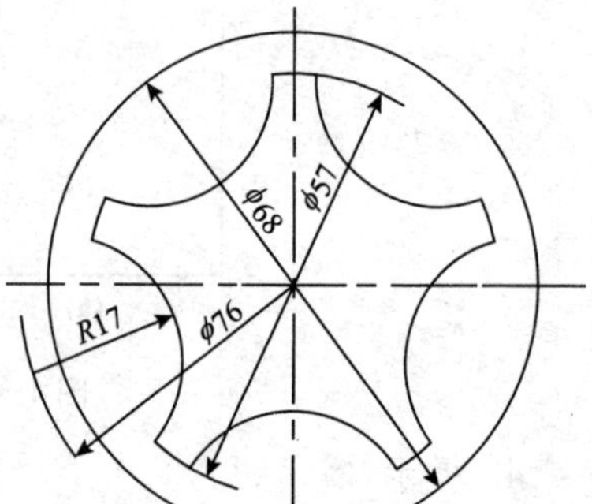
ϕ68
ϕ57
R17
ϕ76

(5)

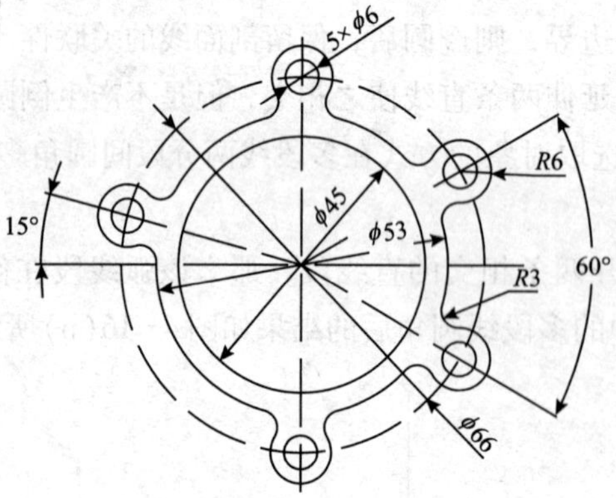
5×ϕ6
15°
R6
ϕ45
ϕ53
60°
R3
ϕ66

(6)

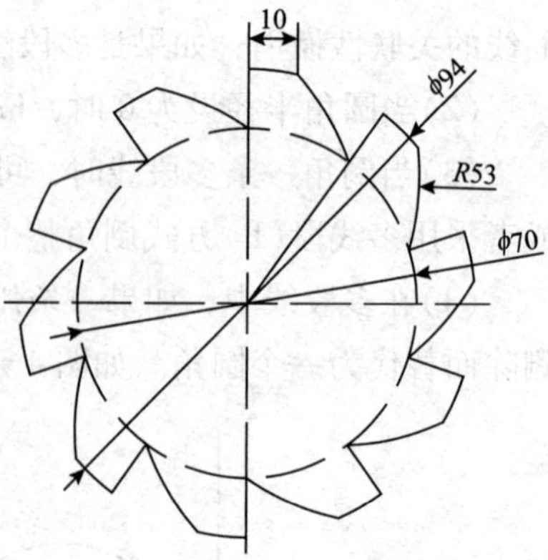
10
ϕ94
R53
ϕ70

(7)

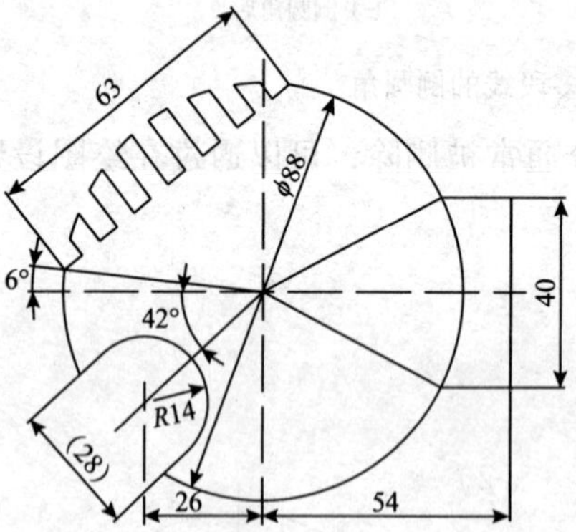
63
ϕ88
6°
42°
40
R14
(28)
26
54

第5章　文 本 标 注

本章主要内容

- 字体与字型的设置
- 单行文本标注
- 多行文本标注
- 特殊字符输入
- 文本编辑
- 调整文本

5.1　字体与字型的设置

在 CAD 2010 中标注的所有文本，都有其字型设置。本节主要讲述什么是字体、字型以及如何设置字型等知识。

5.1.1　字体与字型

字体是由具有相同构造规律的字母或汉字组成的字库。例如：英文有 Roman、Romantic、Complex、Italic 等字体；汉字有宋体、黑体、楷体等字体。CAD 2010 系统提供了多种可供定义字型的字体，包括 Windows 系统 Fonts 目录下的 *. ttf 字体和 CAD 2010 的 Fonts 目录下支持低版本大字体及西文的 *. shx 字体。

字型是用户根据自己需要而定义的具有字体、字符大小、倾斜度、文本方向等特性的文本样式。在 CAD 2010 绘图中，所有的标注文本都具有其特定的文本样式。在 CAD 2010 中，字符大小由字符高度和字符宽度决定。

5.1.2　设置字型

1. 命令功能

- 下拉菜单：【格式】⇨【文字样式】。
- 命令行：Style/Ddstyle（St）。

Style 命令用于设置字型，包括字体、字符高度、字符宽度、倾斜度、文本方向等参数的设置。

2. 选项说明

执行 Style 命令将打开“文字样式”对话框，如图 5-1 所示。其各选项的功能如下：

- 当前样式名：该区域用于设定样式名称，用户可以从该下拉列表框选择已定义的

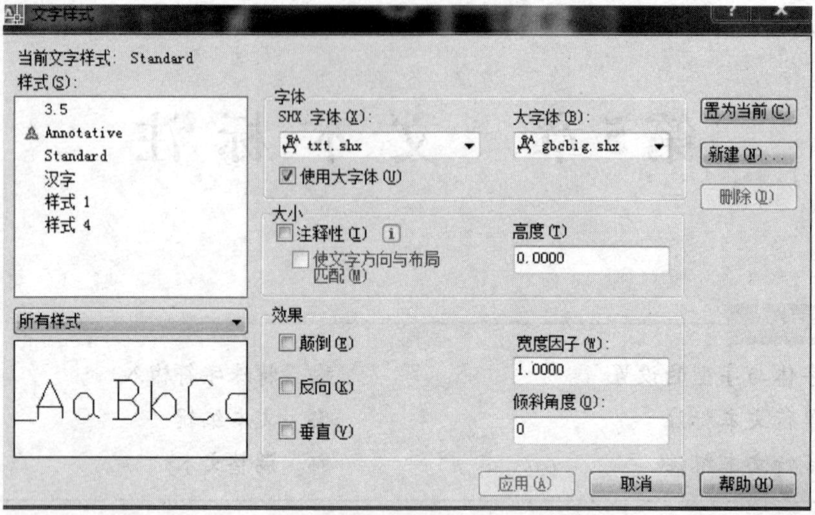

图5-1 “文字样式”对话框

样式或者单击【新建】按钮创建新样式。

● 【新建】：用于定义一个新的字型名。单击该按钮，在弹出的“新文字样式”对话框的“样式名称”编辑框中输入要创建的新字型的名称，然后单击【确定】按钮。

● 【删除】：用于删除已定义的某字型。在左边的下拉列表框选取需要删除的字型。然后单击【删除】按钮，系统将会提示是否删除该字型，单击【确定】按钮确定删除，单击【取消】按钮取消删除。

● 【字体】：该下拉列表框中列出了 Windows 系统的 TrueType 字体与 CAD 2010 本身所带的字体。用户可在此选一种需要的字体作为当前字型的字体。

● 【字型】：该下拉列表框中列出了字体的几种样式，比如常规、粗体、斜体等字体。

● 【大字体】：选用该复选框，用户可使用亚洲语系的大字体(如汉字)定义字型。

● 【文本度量】：

(1)文本高度：该编辑框用于设置当前字型的字符高度。

(2)宽度因子：该编辑框用于设置字符的宽度因子，即字符宽度与高度之比。取值为 1 表示保持正常字符宽度，大于 1 表示加宽字符，小于 1 表示使字符变窄。

(3)倾斜角：该编辑框用于设置文本的倾斜角度。大于0°时，字符向右倾斜；小于0°时，字符向左倾斜。

● 【预览】：该区域用于预览当前字型的文本效果。设置完字型后可以单击【应用】按钮将新字型加入当前图形。完成字型设置后，单击【确定】按钮，关闭文本样式对话框。

3. 操作实例

设置新字型为仿宋字体，其操作步骤如下：

命令：Style↙
单击“文字样式”对话框的“新建”按钮↙
在对话框中输入仿宋，单击[确定]按钮↙
在文本字体框中选仿宋_GB2312↙
在文本度量框中填写，设定字体的高度、宽度、角度↙
单击[应用]按钮↙
单击[确定]按钮↙

以上操作请见图5-1“文字样式”对话框，读者可以自行设置其它的字体。

4. 提示

(1)CAD 2010图形中所有的文本都有其对应的文本字型。系统缺省字型为Standard字型，用户需预先设定文本的字型，并将其指定为当前使用字型，系统才能将文字按用户指定的文本样式写入字形中。

(2)更名(Rename)和删除(Delete)选项对Standard字型无效。图形中已使用字型不能被删除。

(3)对于每种文本字型而言，其字体及文本格式都是唯一的，即所有采用该字型的文本都具有统一的字体和文本格式。如果想在一幅图形中使用不同的字体设置，则必须定义不同的文本字型。对于同一字体，可将其字符高度、宽度因子、倾斜度等文本特征设置为不同，从而定义成不同的字型。

(4)可用Change或Ddmodify命令改变选定文本的字型、字体、字高、字宽、文本效果等设置，也可选中要修改的文本后单击鼠标右键，在弹出的快捷菜单中选择属性设置，改变文本的相关参数。

5.2 单行文本标注(Dtext)

1. 命令功能

- 下拉菜单：【绘图】⇨【文字】⇨【单行文字】。
- 命令行：Text。

Text可为图形标注一行或几行文本，每一行文本作为一个实体。该命令同时设置文本的当前字型、旋转角度(Rotate)、对齐方式(Justify)和字符大小(Resize)等。

2. 选项说明

执行Text命令后，CAD 2010会在命令行中提示：“文字：样式(S)/对齐(A)/拟合(F)/中心(C)/中间(M)/右边(R)/调整(J)/<起点>:”，选择“调整”选项会出现：“文字：样式(S)/对齐(A)/拟合(F)/中心(C)/中间(M)/右边(R)/左中(TL)/顶部中心(TC)/右中(TR)/左中(ML)/中心(MC)/右中(MR)/左下(BL)/底部中心(BC)/右下(BR)/<起点>:”

- 样式(S)：此选项用于指定文字样式，即文字字符的外观。执行选项后，系统出现提示信息“？列出有效的样式/<文字样式> <Standard>:”输入已定义的文字样式名称或单击回车键选用当前的文字样式；也可输入“?”，系统提示“输入要列出的文字样式<*>:”，单击回车键后，屏幕转为文本窗口列表显示图形定义的所有文字样式名、字体文件、高度、宽度比例、倾斜角度、生成方式等参数。

- 拟合(F)：选用该项，标注文本在指定的文本基线的起点和终点之间保持字符高度不变，通过调整字符的宽度因子来匹配对齐。
- 对齐(A)：使用该方式后，标注文本在用户的文本基线的起点和终点之间保持字符宽度因子不变，通过调整字符的高度来匹配对齐。
- 中心(C)：使用该方式后，标注文本中点与指定点对齐。
- 中间(M)：使用该方式后，标注文本的文本中心和高度中心与指定点对齐。
- 右边(R)：选用该项，在图形中指定的点与文本基线的右端对齐。
- 左上(TL)：选用该项，在图形中指定的点与标注文本顶部左端点对齐。
- 中上(TC)：选用该项，在图形中指定的点与标注文本顶部中点对齐。
- 右上(TR)：选用该项，在图形中指定的点与标注文本顶部右端点对齐。
- 左中(ML)：选用该项，在图形中指定的点与标注文本左端中间点对齐。
- 正中(MC)：选用该项，在图形中指定的点与标注文本中部中心点对齐。
- 右中(MR)：选用该项，在图形中指定的点与标注文本右端中间点对齐。
- 左下(BL)：选用该项，在图形中指定的点与标注文本底部左端点对齐。
- 中下(BC)：选用该项，在图形中指定的点与字符串底部中点对齐。
- 右下(BR)：选用该项，在图形中指定的点与字符串底部右端点对齐。

ML、MC、MR 三种对齐方式中所指的中点均是文本大写字母高度的中点，即文本基线到文本顶端距离的中点；Middle 所指的文本中点是文本的总高度(包括如 j、y 等字符的下沉部分)的中点，即文本底端到文本顶端距离的中点，如图 5-2 所示。如果文本串中不含 j、y 等下沉字母，则文本底端线与文本基线重合，MC 与 Middle 相同。

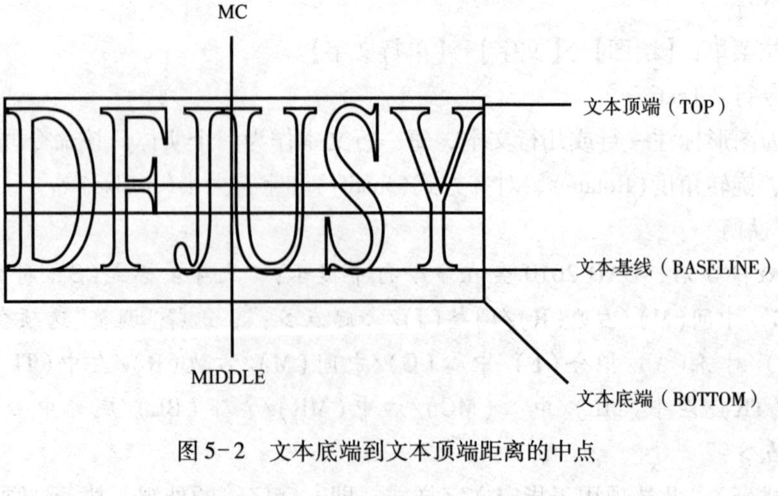

图 5-2　文本底端到文本顶端距离的中点

3. 操作实例

用 Text 命令在图 5-3 中标注文本，采用 5.1.2 节设置新字体的方法，中文采用宋体字型，其操作步骤如下：

```
命令：Text↙
文字：样式(S)/对齐(A)/拟合(F)/中心(C)/ 中间(M)
/右边(R)/调整(J)/<起点>：s
列出有效的样式/<文字样式> <STYLE1>：仿宋↙
文字：样式(S)/对齐(A)/拟合(F)/中心(C)/中间(M)/
右边(R)/调整(J)/<起点>：J
文字：样式(S)/对齐(A)/拟合(F)/中心(C)/中间(M)/↙
右边(R)/左中(TL)/顶部中心(TC)/右中(TR)/左中
(ML)/中心(MC)/右中(MR)/左下(BL)/底部中心
(BC)/右下(BR)/<起点>：MC↙
文字中心点：拾取文字中心点，设置文本中心点与拾取中心对齐
文字旋转角度 <180>：0↙
文字：石油化工 CAD 好好学习，天天向上↙
```

图 5-3 用 Text 命令标注文本

提示：在"？列出有效的样式/<文字样式> <Standard>："提示后输入"?"，需列出清单的直接回车，系统将在文本窗口中列出当前图形中已定义的所有字型名及其相关设置。用户在输入一段文本并退出 Text 命令后，若再次进入该命令(无论中间是否进行了其他命令操作)将继续前面的文字标注工作，上一个 Text 命令中最后输入的文本将呈高亮显示，且字高、角度等文本特性将沿用上次的设定。

5.3 多行文本标注(Mtext)

1. 命令功能

在标注文本时，常常需要输入一些特殊字符，如上划线、下划线、直径、度数、公差符号和百分比符号等。CAD 2010 提供了一些带两个百分号(%%)的控制代码来生成这些特殊符号。表 5-1 列出了一些特殊字符的控制代码及其含义。

2. 特殊字符说明

表 5-1 特殊字符的代码输入及其含义

特殊字符	代码输入	说 明
±	%%P	公差符号
–	%%O	上划线
–	%%U	下划线
%	%%%	百分比符号
ϕ	%%C	直径符号
°	%%D	角度
	%%nnn	nnn 为 ASCII 码

操作实例

用 Text 命令输入几行包含特殊字符的文本，如图 5-4 所示，其操作步骤如下：

命令：Text↙

文字：样式(S)/对齐(A)/拟合(F)/中心(C)/中间(M)/右边(R)/调整(J)/<起点>：在屏幕上拾取一点来确定文字起点

文字旋转角度 <0%%d>：↙

文字：%%p45↵

命令：Text↙

文字：样式(S)/对齐(A)/拟合(F)/中心(C)/

中间(M)/右边(R)/调整(J)/<起点>

文字旋转角度 <0%%d>：↙

文字：80%%d↙

同样方法，在提示"文字："后，分别输入

%%oShCAD%%o↙

%%o石化 CAD%%o↙

%%uShCAD%%u↙

%%u石化 CAD%%u↙

即可得到如图 5-4 所示的特殊字符的文本。

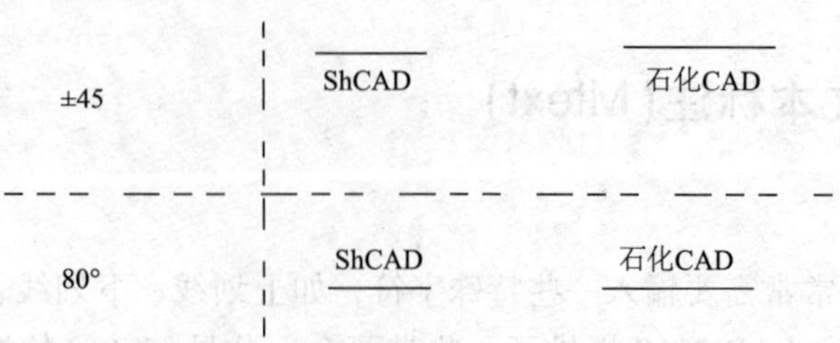

图 5-4 用 Text 命令输入特殊字符的文本

提示：如果输入的“%%”后如无控制字符(如 c、p、d)或数字，系统将视其为无定义，并删除“%%”及后面的所有字符；如果用户只输入一个“%”，则此“%”将作为一个字符标注于图形中。上下划线是开关控制，输入一个%%O(%%U)开始上(下)划线，再次输入此代码则结束，如果一行文本中只有一个划线代码，则自动将行尾作为划线结束处。

5.4 文本编辑(Ddedit)

1. 命令功能

- 命令行：Ddedit（Ed）

Ddedit 命令可以编辑修改标注文本的内容，如增减或替换 Text 文本中的字符、编辑 Mtext 文本或属性定义。

2. 选项说明

执行 Ddedit 命令，系统将提示选择修改对象，完成命令后将出现如图 5-5 所示“文字编辑”对话框。在该对话框文本栏中用鼠标选中字符串，然后输入新文本，单击【确定】按钮，完成修改并退出对话框。

3. 操作实例

用 Ddedit 命令将图 5-5 所示 text 命令标注的字加上“引领世界”，其操作步骤如下：

```
命令：Ddedit↙
选取修改对象：选取要编辑的文本
```

选取文本后，系统弹出“文字编辑”对话框，如图 5-5 所示。

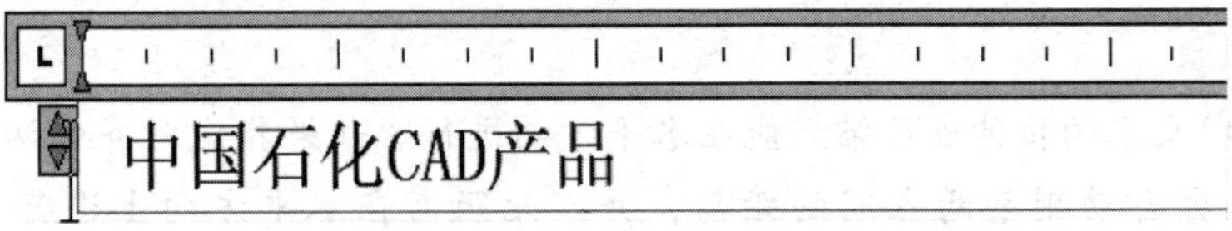

图 5-5 “文字编辑”对话框

图 5-6 “文字修改”对话框

在该对话框中用鼠标选在字符串“中国石化 CAD 产品”的后面，然后输入“引领世界”，单击【确定】按钮，完成修改并退出对话框。如图 5-6 所示。

提示：用户可以直接点取一个要修改的文本实体，然后在绘图区单击鼠标右键，在弹出的快捷菜单中选择“参数”，也可在弹出文本编辑对话框对标注文本进行修改。

CAD 2010版完善多行文字对多国语言输入的支持。对于跨语种协同设计的图纸，图中的文字对象可以分别以多种语言同时显示，极大方便了图纸在不同国家之间顺畅交互。同时改进了操作界面，界面更友好与美观。

5.5 调整文本

1. 命令功能

- 下拉菜单：【ET扩展工具】⇨【文本工具】⇨【调整文本】。
- 命令行：Textfit。

Textfit命令可使Text文本在字高不变的情况下，通过调整宽度，在指定的两点间自动匹配对齐。对于那些需要将文字限制在某个范围内的注释可采用该命令编辑。

2. 操作实例

用Textfit命令将图5-7(a)所示文本移动并压缩至与椭圆匹配，结果如图5-7(b)所示。其操作步骤如下：

(a)　　　　(b)

图5-7　用Textfit命令将文本调整与椭圆匹配

命令：Textfit↙

请选择要编辑的文字：点取图(a)中的文本

调整的长度：鼠标点取或直接输入数字，正交自动打开，从字符的起点到鼠标间有一橡皮筋，鼠标点取椭圆长度，则文本总长调整到与椭圆长度相等。

提示：(1)文本的拉伸或压缩只能在水平方向进行。如果指定对齐的两点不在同一水平线上，系统会自动测量两点间的距离，并以此距离在水平方向上进行自动匹配文本终点。

(2)该命令只对Text文本有效。

5.6 弧形文字

1. 命令功能

- 下拉菜单：【ET扩展工具】⇨【文本工具】⇨【弧形对齐文本】。
- 命令行：Arctext

弧形文字主要是针对钟表、广告设计等行业而开发出的弧形文字功能。

2. 选项说明

执行Arctext命令，系统提示选择对象，确定对象后将出现如图5-8所示“弧形文字”

对话框。在该对话框中清楚地展示了它的丰富功能。下面介绍各选项。

- 文字特性区：在对话框的第一行提供设置弧形文字的特性。包括文字样式、字体选择及文字颜色。点击文字新式后面的下拉框，显示当前图所有文字样式，可直接选择，也可以直接选择字体及相应颜色。

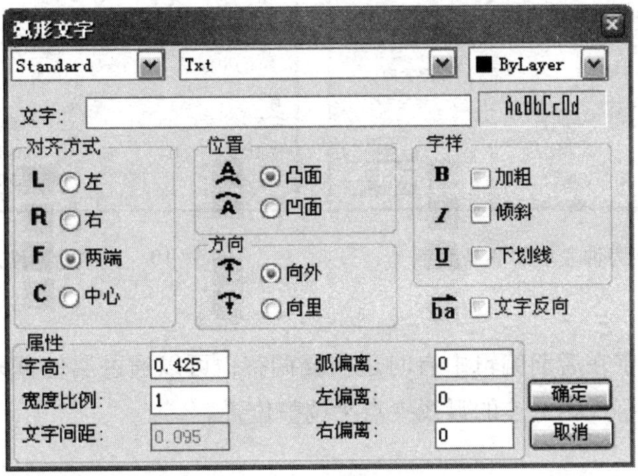

图 5-8 “弧形文字”对话框

- 文字输入区：在这里可以输入想创建的文字内容。
- 对齐方式：提供了“左”、“右”、“两端”、“中心”四种对齐方案，配合位置、方向、偏离设置可以轻松指定弧形文字位置。
- 位置：指定文字显示在弧的凸面或凹面。
- 方向：提供两种方向供选择，分别为“向里”、“向外”。
- 字样：提供复选框的方式，可设置文字的“加粗”、“倾斜”、“下划线”及“文字反向”效果。
- 属性：指定弧形文字的“字高”、“宽度比例”、“文字间距”等属性。
- 偏离：指定文字偏离弧线、左端点或右端点的距离。

注意：属性、偏离选项与对齐方式存在着互相制约关系。如：当对齐为两端时，弧形文字可自动根据当前弧线长度来调整文字间距，故此时“文字间距”选项是不可设置的。

3. 操作实例

绘制弧形文字实际应用

1)绘制钟表数字

根据已绘制完毕的钟表边界弧线，在弧形文字对话框内设置如图 5-9 所示，其中的罗马数字可以从其他的文档资料中粘贴过来比较方便，当然也可以改变颜色。

2)根据任意弧线绘制弧形文字

根据当前图中任意弧线，绘制两端对齐的弧形文字，设置如图 5-10 所示。

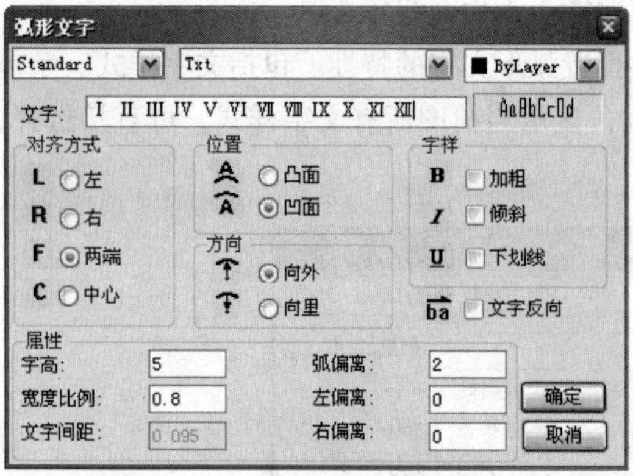

图 5-9 文字为钟表上的罗马数字

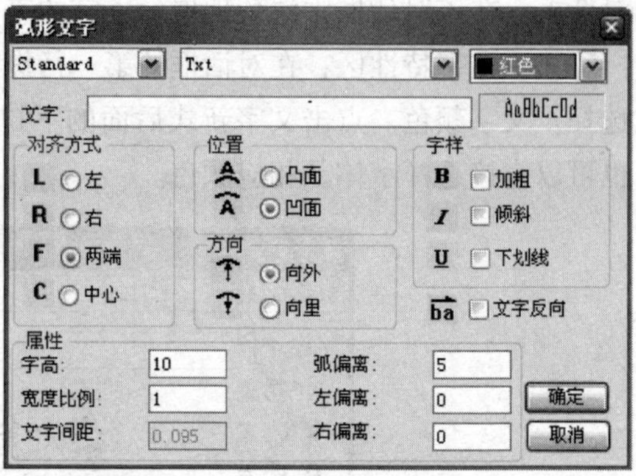

图 5-10 文字为两端对齐的弧形文字

3)后期调整

所绘的弧形文字在后期编辑中有时还需要调整，可以通过属性框来调整简单的属性，也可以通过弧形文字或相关连的弧线夹点来调整位置。

习 题

1. 试设置几种新的文字样式。写出如下的字体。

中华人民共和国

中华人民共和国

中华人民共和国

中华人民共和国

中华人民共和国

2. 制作如图所示的文本，并进行文本复制、旋转、加框等操作。

3. 利用 Text 和 Mtext 输入文字，如技术要求说明等。并对已经输入的文本进行编辑处理。

4. 解决写出的字是乱字符的问题。

5. 绘制弧形文字，比如实际应用的钟表罗马字，按照本章图 5-9 和图 5-10 方式，作出几种不同弧度的公司招牌。

6. 在大多数建筑施工图中，有很多细小的尺寸挤在一起。这时候，采用较窄的字体，标注就会减少很多相互重叠的情况发生，请读者试着设置一种字体，是在尺寸标注时所采用的专用字体，比如将字体宽度设为 0.5。

第6章　尺 寸 标 注

本章主要内容

- 尺寸样式的设置
- 线性尺寸的标注
- 角度标注
- 弧长标注
- 直径和半径尺寸的标注
- 连续及基线尺寸标注
- 引线标注
- 形位公差的标注

6.1　尺寸标注概述

6.1.1　尺寸标注的组成

尽管尺寸标注在类型和外观上多种多样，但一个完整的尺寸标注都是由尺寸线、尺寸界限、尺寸箭头和尺寸文字4部分组成，如图6-1所示。

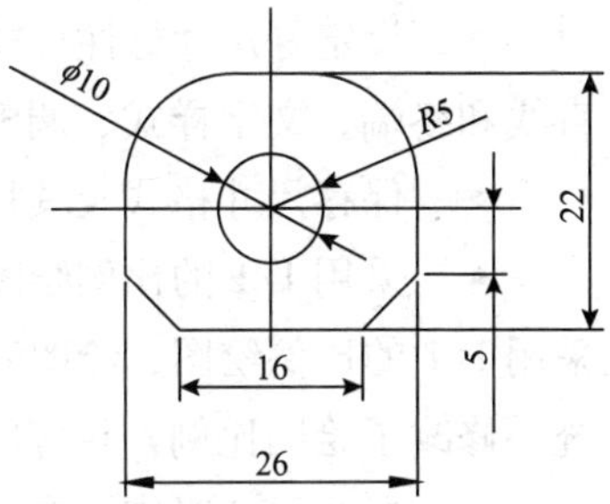

图6-1　尺寸组成

(1)尺寸线。尺寸线表示尺寸标注的范围。通常是带有箭头且平行于被标注对象的单线段。标注文字沿尺寸线放置。对于角度标注，尺寸线可以是一段圆弧。

(2)尺寸界线。尺寸界线表示尺寸线的开始和结束。通常从被标注对象延长至尺寸线，一般与尺寸线垂直。有些情况下，也可以选用某些图形对象的轮廓线或中心线代替尺寸界线。

(3)尺寸箭头。尺寸箭头在尺寸线的两端，用于标记尺寸标注的起始和终止位置。AutoCAD提供了多种形式的尺寸箭头，包括建筑标记、小斜线箭头、点和斜杠标记。读者也可以根据绘图需要创建自己的箭头形式。

(4)尺寸数字。尺寸数字用于表示实际测量值。可以使用由AutoCAD自动计算出的测量值，提供自定义的文字或完全不用文字。如果使用生成的文字，则可以附加“加/减公差、前缀和后缀”。

在AutoCAD中，通常将尺寸的各个组成部分作为块处理，因此，在绘图过程中，一个尺寸标注就是一个对象。

6.1.2 尺寸标注规则

1. 尺寸标注的基本规则

- 图形对象的大小以尺寸数值所表示的大小为准，与图线绘制的精度和输出时的精度无关。
- 一般情况下，采用毫米为单位时不需要注写单位，否则，应该明确注写尺寸所用单位。
- 尺寸标注所用字符的大小和格式必须满足国家标准。在同一图形中，同一类终端应该相同，尺寸数字大小应该相同，尺寸线间隔应该相同。
- 尺寸数字和图线重合时，必须将图线断开。如果图线不便于断开来表达对象时，应该调整尺寸标注的位置。

2. AutoCAD 中尺寸标注的其他规则

一般情况下，为了便于尺寸标注的统一和绘图的方便，在 AutoCAD 中标注尺寸时应该遵守以下的规则。

- 为尺寸标注建立专用的图层。建立专用的图层，可以控制尺寸的显示和隐藏，和其他的图线可以迅速分开，便于修改、浏览。
- 为尺寸文本建立专门的文字样式。对照国家标准，应该设定好字符的高度、宽度系数、倾斜角度等。
- 设定好尺寸标注样式。按照我国的国家标准，创建系列尺寸标注样式，内容包括直线和终端、文字样式、调整对齐特性、单位、尺寸精度、公差格式和比例因子等。
- 保存尺寸格式及其格式簇，必要时使用替代标注样式。
- 采用 1:1 的比例绘图。由于尺寸标注时可以让 AutoCAD 自动测量尺寸大小，所以采用 1:1 的比例绘图，绘图时无须换算，在标注尺寸时也无须再键入尺寸大小。如果最后统一修改了绘图比例，相应应该修改尺寸标注的全局比例因子。
- 标注尺寸时应该充分利用对象捕捉功能准确标注尺寸，可以获得正确的尺寸数值。尺寸标注为了便于修改，应该设定成关联的。
- 在标注尺寸时，为了减少其他图线的干扰，应该将不必要的层关闭，如剖面线层等。

6.1.3 尺寸标注图标位置

在已经打开的工具栏上任意位置右击鼠标，在系统弹出的光标菜单上选择“标注”选项，系统弹出尺寸“标注”工具栏，工具栏中各图标的意义如图 6-2 所示。

6.1.4 尺寸标注的类型

AutoCAD 2010 中的尺寸标注可以分为以下类型：直线标注、角度标注、径向标注、坐标标注、引线标注、公差标注、中心标注以及快速标注等。

(1)直线标注。直线标注包括线性标注、对齐标注、基线标注和连续标注。

- 线性标注：线性标注是测量两点间的直线距离。按尺寸线的放置可分为水平标注、垂直标注和旋转标注三个基本类型。
- 对齐标注：对齐标注是创建尺寸线平行于尺寸界线起点的线性标注。
- 基线标注：基线标注是创建一系列的线性、角度或者坐标标注，每个标注都从相同原点测量出来。
- 连续标注：连续标注是创建一系列连续的线性、对齐、角度或者坐标标注，每个标注都是从前一个或者最后一个选定的标注的第二尺寸界线处创建，共享公共的尺寸界线。

(2)角度标注。角度标注用于测量角度。

(3)径向标注。径向标注包括半径标注、直径标注和弧长标注。

- 半径标注：半径标注是用于测量圆和圆弧的半径。
- 直径标注：直径标注是用于测量圆和圆弧的直径。
- 弧长标注：弧长标注是用于测量圆弧的长度，它是 AutoCAD 2010 新增功能。

(4)坐标标注。使用坐标系中相互垂直的 X 和 Y 坐标轴作为参考线，依据参考线标注给定位置的 X 或者 Y 坐标值。

(5)引线标注。引线标注用于创建注释和引线，将文字和对象在视觉上链接在一起。

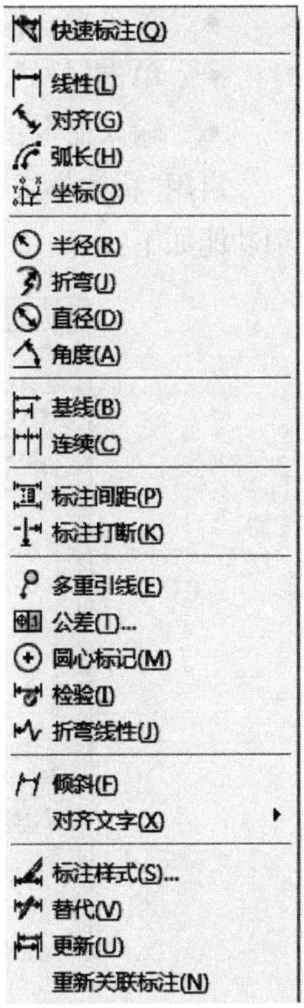

图6-2　尺寸标注图标位置

(6)公差标注。公差标注用于创建形位公差标注。

(7)中心标注。中心标注用于创建圆心和中心线，指出圆或者是圆弧的中心。

(8)快速标注。快速标注是通过一次选择多个对象，创建标注排列。例如：基线、连续和坐标标注。

6.2　尺寸标注样式设置

6.2.1　创建尺寸样式

缺省情况下，在 AutoCAD 中创建尺寸标注时使用的尺寸标注样式是“ISO－25”，用户可以根据需要创建一种新的尺寸标注样式。

AutoCAD 提供的“标注样式”命令即可用来创建尺寸标注样式。启用“标注样式”命令后，系统将弹出“标注样式”对话框，从中可以创建或调用已有的尺寸标注样式。在创建新的尺寸标注样式时，用户需要设置尺寸标注样式的名称，并选择相应的属性。

启用“标注样式”命令有三种方法。

- 菜单栏：【格式】⇨【标注样式】菜单命令。
- 单击【样式】工具栏中的“标注样式管理器”按钮。
- 输入命令：DIMSTYLE。

启用“标注样式”命令后，系统弹出如图6-3所示的“标注样式管理器”对话框，各选项功能如下：

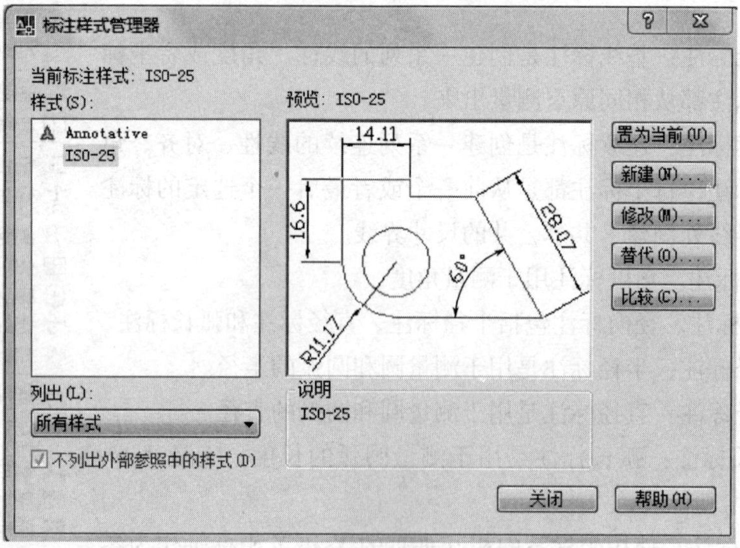

图6-3 “标注样式管理器”对话框

【样式】：显示当前图形文件中已定义的所有尺寸标注样式。

【预览】：显示当前尺寸标注样式设置的各种特征参数的最终效果图。

【列出】：用于控制在当前图形文件中是否全部显示所有的尺寸标注样式。

【置为当前】：用于设置当前标注样式。对每一种新建立的标注样式或对原式样的修改后，均要置为当前设置才有效。

【新建】：用于创建新的标注样式。

【修改】：用于修改已有标注样式中的某些尺寸变量。

【替代】：用于创建临时的标注样式。当采用临时标注样式标注某一尺寸后，再继续采用原来的标注样式标注其他尺寸时，其标注效果不受临时标注样式的影响。

【比较】：用于比较不同标注样式中不相同的尺寸变量，并用列表的形式显示出来。

6.2.2 控制尺寸线和尺寸界线

(1)调整尺寸线。在“尺寸线”选项组中可以设置影响尺寸线的一些变量，如图6-4所示。

- 【颜色】下拉列表框：用于选择尺寸线的颜色。
- 【线型】下拉列表框：用于选择尺寸线的线型，正常选择为连续直线。
- 【线宽】下拉列表框：用于指定尺寸线的宽度，线宽建议选择0.13。
- 【超出标记】选项：指定当箭头使用倾斜、建筑标记、积分和无标记时尺寸线超过尺寸界线的距离，如图 6-5 所示。

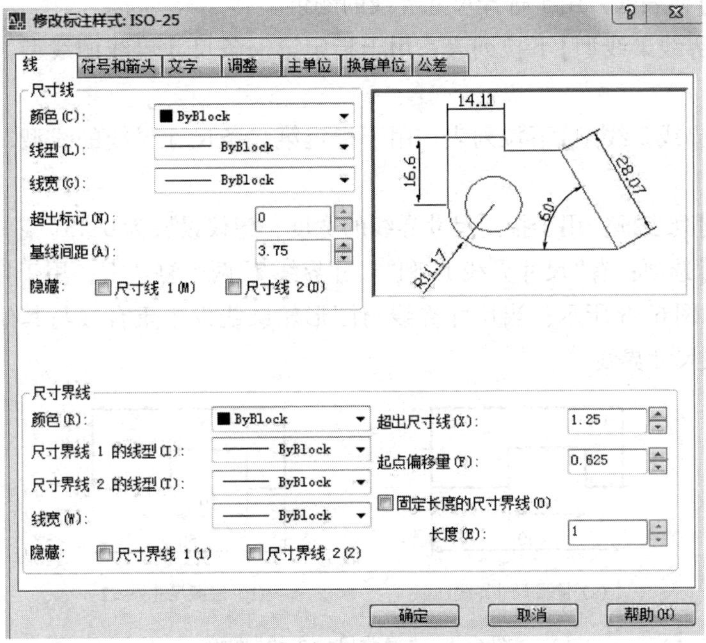

图 6-4　“尺寸线和尺寸界线”直线选项

- 【基线间距】选项：决定平行尺寸线间的距离。如：创建基线型尺寸标注时，相邻尺寸线间的距离由该选项控制，如图 6-6 所示。
- 【隐藏】选项：有“尺寸线 1”和“尺寸线 2”两个复选框，用于控制尺寸线两端的可见性，如图 6-7 所示。同时选中两个复选框时将不显示尺寸线。

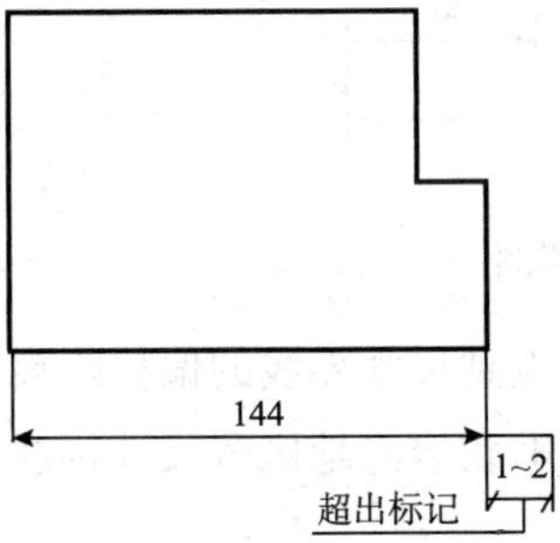

图 6-5　“超出标记”图例

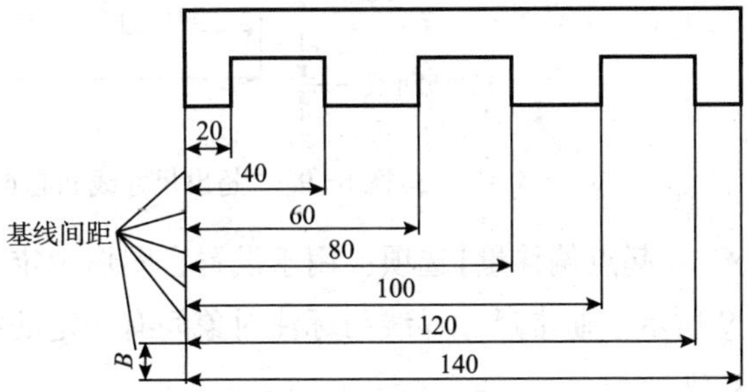

图 6-6　“基线间距”图例

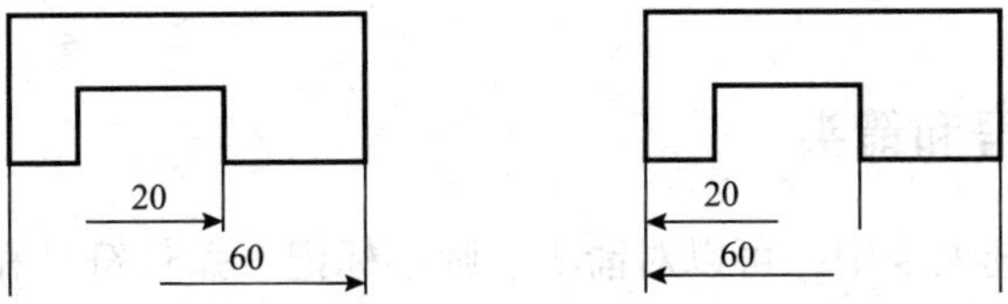

（a）隐藏尺寸线1　（b）隐藏尺寸线2

图 6-7　“隐藏尺寸线”图例

(2)控制尺寸界线。在“尺寸界线”选项组中可以设置尺寸界线的外观。

- 【颜色】列表框：用于选择尺寸界线的颜色。
- 【尺寸界线1线型】下拉列表：用于指定第一条尺寸界线的线型，正常设置为连续线。
- 【尺寸界线2线型】下拉列表：用于指定第二条尺寸界线的线型，正常设置为连续线。
- 【线宽】列表框：用于指定尺寸界线的宽度，建议设置为0.13。
- 【隐藏】选项：有“尺寸界线1”和“尺寸界线2”两个复选框，用于控制两条尺寸界线的可见性，如图6-8所示；当尺寸界线与图形轮廓线发生重合或与其他对象发生干涉时，可选择隐藏尺寸界线。

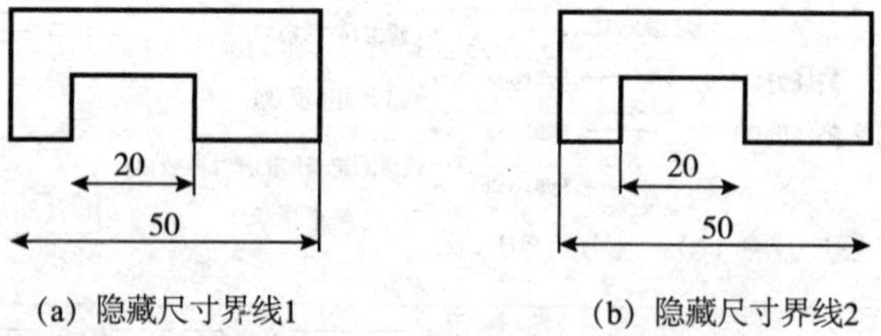

图6-8 “隐藏尺寸界线”图例

- 【超出尺寸线】选项：用于控制尺寸界线超出尺寸线的距离，如图6-9所示，通常规定尺寸界线的超出尺寸为2~3mm，使用1:1的比例绘制图形时，设置此选项为2或3。

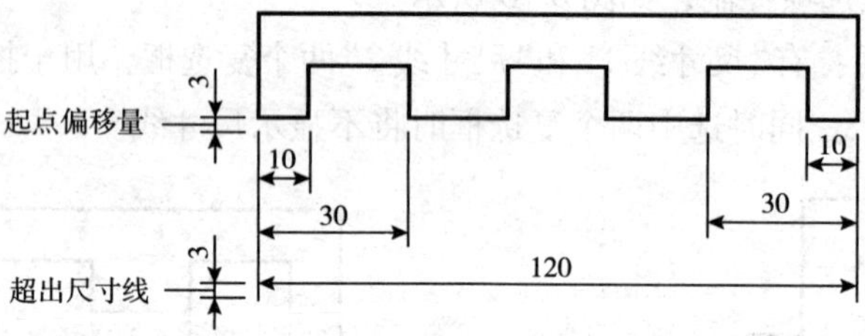

图6-9 “超出尺寸线和起点偏移量”图例

- 【起点偏移量】选项：用于设置自图形中定义标注的点到尺寸界线的偏移距离，如图6-9所示。通常尺寸界线与标注对象间有一定的距离，能够较容易地区分尺寸标注和被标注对象。
- 【固定长度的尺寸界线】复选框：用于指定尺寸界线从尺寸线开始到标注原点的总长度。

6.2.3 控制符号和箭头

在“符号和箭头”选项卡中，可以对箭头、圆心标记、弧长符号和折弯半径标注的格式和位置进行设置，如图6-10所示。下面分别对箭头、圆心标记、弧长符号和半径标注、折弯的设置方法进行详细的介绍。

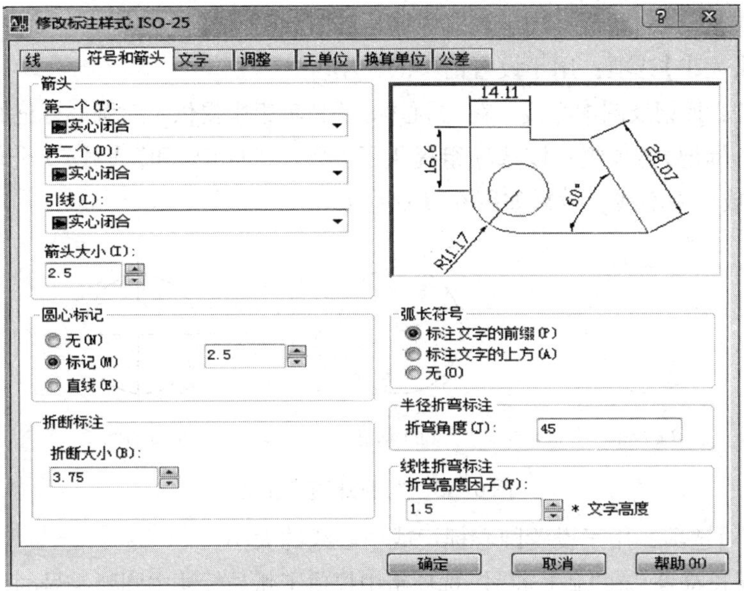

图 6-10　“符号和箭头”选项

(1)箭头的使用。在“箭头”选项组中提供了对尺寸箭头的控制选项。

- 【第一个】下拉列表框：用于设置第一条尺寸线的箭头样式。
- 【第二个】下拉列表框：用于设置第二条尺寸线的箭头样式。当改变第一个箭头的类型时，第二个箭头将自动改变以同第一个箭头相匹配。

AutoCAD 2010 提供了 19 种标准的箭头类型，其中设置有建筑制图专用箭头类型，如图 6-11 所示，可以通过滚动条来进行选取。要指定用户定义的箭头块，可以选择“用户箭头”命令，弹出“选择自定义箭头块”对话框，选择用户定义的箭头块的名称，如图 6-12 所示，单击【确定】按钮即可。

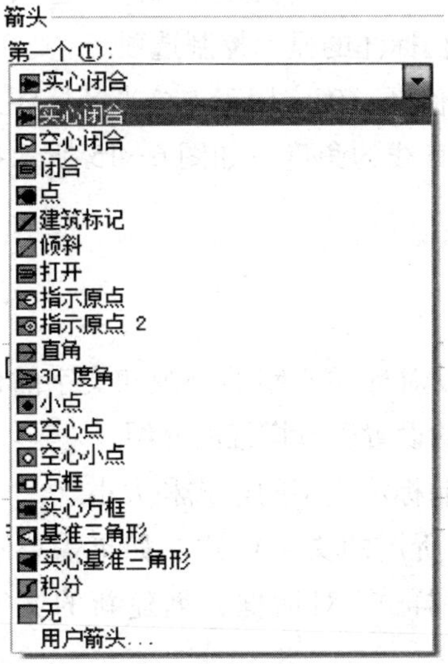

图 6-11　“19 种标准的箭头”类型

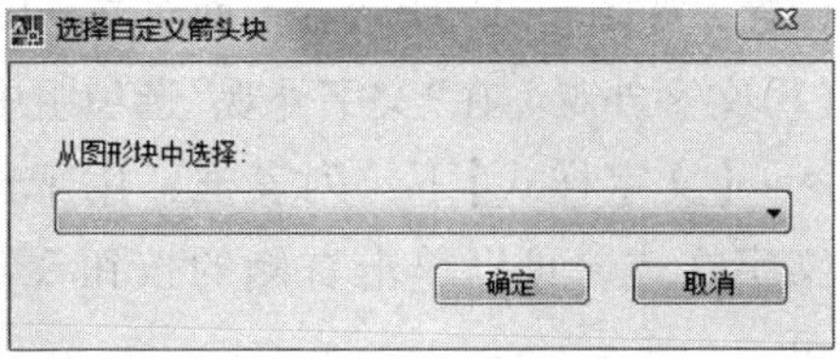

图 6-12　选择自定义箭头块

● 【引线】下拉列表框：用于设置引线标注时的箭头样式。

● 【箭头大小】选项：用于设置箭头的大小。

(2)设置圆心标记及圆中心线。在“圆心标记”选项组中提供了对圆心标记的控制选项。

● 【圆心标记】选项组：该选项组提供了“无”、“标记”和“直线”3 个单选项，可以设置圆心标记或画中心线，效果如图 6-13 所示。

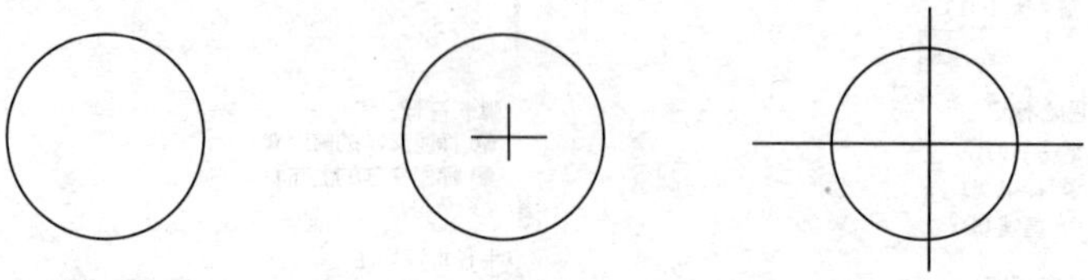

(a) 无　　(b) 标记　　(c) 直线

图 6-13 “圆心标记”选项

● 【大小】选项：用于设置圆心标记或中心线的大小。

(3)设置弧长符号。在“弧长符号”选项组中提供了弧长标注中圆弧符号的显示控制选项。

● 【标注文字的前缀】单选项：用于将弧长符号放在标注文字的前面。

● 【标注文字的上方】单选项：用于将弧长符号放在标注文字的上方。

● 【无】单选项：用于不显示弧长符号。三种不同方式显示如图 6-14 所示。

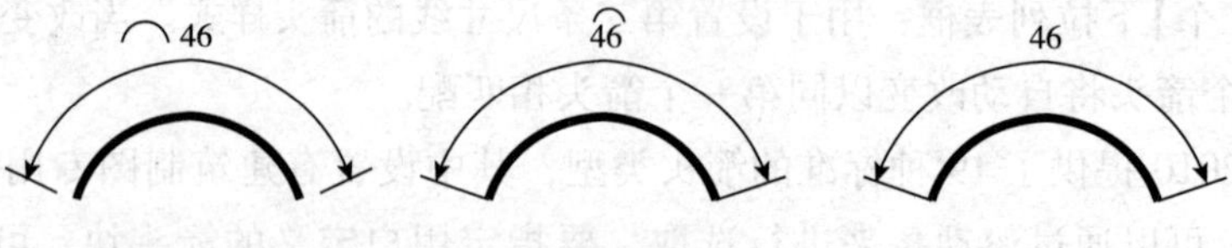

(a) 标注文字的前缀　　(b) 标注文字的上方　　(c) 无

图 6-14 “弧长符号”选项

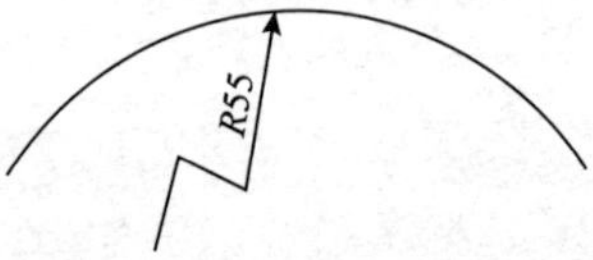

图 6-15 “折弯角度”数值

(4)设置半径标注折弯。在“半径标注折弯”选项组中提供了折弯(Z 字型)半径标注的显示控制选项。

● 【折弯角度】数值框：确定用于连接半径标注的尺寸界线和尺寸线的横向直线的角度，如图 6-15 所示折弯角度为 45°。

6.2.4 控制标注文字外观和位置

在“新建标注样式”对话框的“文字”选项卡中，可以对标注文字的外观和文字的位置进行设置，如图 6-16 所示。下面对文字的外观和位置的设置进行详细的介绍。

(1)文字外观。在“文字外观”选项组中可以设置控制标注文字的格式和大小。

● 【文字样式】下拉列表框：用于选择标注文字所用的文字样式。如果需要重新创建文字样式，可以单击右侧的按钮 ...，弹出“文字样式”对话框，创建新的文字样式即可。

图 6-16 “文字”选项

- 【文字颜色】下拉列表框：用于设置标注文字的颜色。
- 【填充颜色】下拉列表框：用于设置标注文字背景的颜色。
- 【文字高度】数值框：用于指定当前标注文字样式的高度。若在当前使用的文字样式中设置了文字的高度，此项输入的数值无效。
- 【分数高度比例】数值框：用于指定分数形式字符与其他字符之间的比例。只有在选择支持分数的标注格式时，才可进行设置。
- 【绘制文字边框】复选框：用于给标注文字添加一个矩形边框。

(2)文字位置。在“文字位置”选项组中，可以设置控制标注文字的位置。

在“垂直”下拉列表框：包含“居中”、“上方”、“外部”和“JIS”4 个选项，用于控制标注文字相对尺寸线的垂直位置。选择某项时，在对话框的预览框中可以观察到标注文字的变化，如图 6-17 所示。

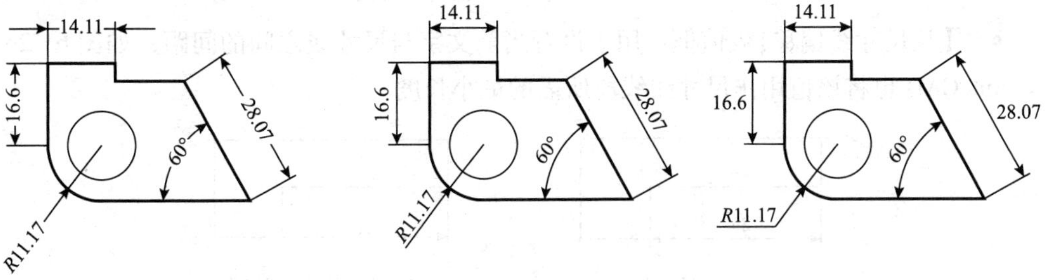

(a) 上方　(b) 居中　(c) 外部

图 6-17 “垂直”下拉列表框三种情况

- 【居中】选项：将标注文字放在尺寸线的两部分中间。
- 【上方】选项：将标注文字放在尺寸线上方。
- 【外部】选项：将标注文字放在尺寸线上离标注对象较远的一边。
- 【JIS】选项：按照日本工业标准“JIS”放置标注文字。

在“水平”下拉列表框：包含“居中”、“第一条尺寸界线”、“第二条尺寸界线”、“第一条尺寸界线上方”和“第二条尺寸界线上方”5 个选项，用于控制标注文字相对于尺寸线和尺寸界线的水平位置。

- 【居中】选项：把标注文字沿尺寸线放在两条尺寸界线的中间。
- 【第一条尺寸界线】选项：沿尺寸线与第一条尺寸界线左对正。
- 【第二条尺寸界线】选项：沿尺寸线与第二条尺寸界线右对正。尺寸界线与标注文字的距离是箭头大小加上文字间距之和的两倍，如图 6-18 所示。

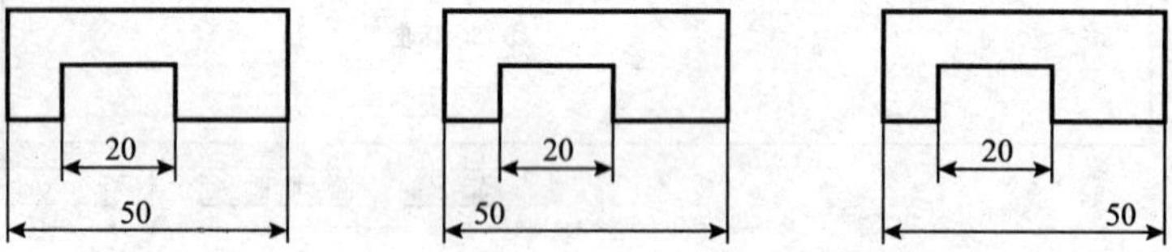

（a）居中　（b）第一条尺寸界线　（c）第二条尺寸界线

图 6-18 “水平”下拉框的三种情况

- 【第一条尺寸界线上方】选项：沿着第一条尺寸界线放置标注文字或把标注文字放在第一条尺寸界线之上。
- 【第二条尺寸界线上方】选项：沿着第二条尺寸界线放置标注文字或把标注文字放在第二条尺寸界线之上，如图 6-19 所示。

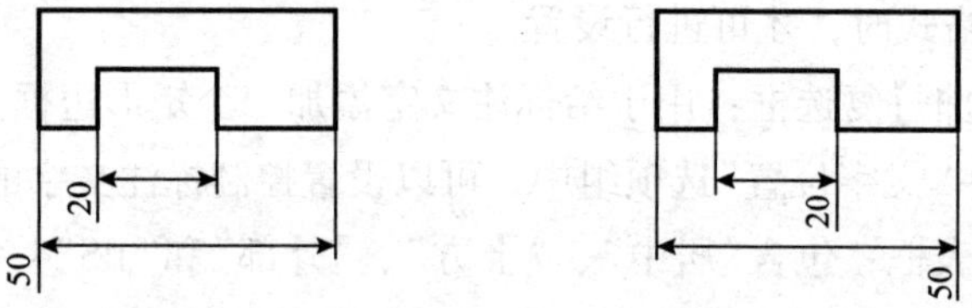

（a）第一条尺寸界线上方　（b）第二条尺寸界线上方

图 6-19 “水平”下拉框的二种情况

- 【从尺寸线偏移】数值框：用于设置当前文字与尺寸线之间的间距，如图 6-20 所示。AutoCAD 也将该值用作尺寸线线段所需的最小长度。

（a）对齐从尺寸线偏移　（b）水平从尺寸线偏移

图 6-20 “从尺寸线偏移”图例

提示：仅当生成的线段至少与文字间距同样长时，AutoCAD 2010 才会在尺寸界线内侧放置文字。仅当箭头、标注文字以及页边距有足够的空间容纳文字间距时，才将尺寸上方或下方的文字置于内侧。

6.2.5 调整箭头、标注文字及尺寸线间的位置关系

在“新建标注样式”对话框的调整选项卡中，可以对标注文字、箭头、尺寸界线之间的位置关系进行设置，如图 6-21 所示。下面对箭头标注文字及尺寸界线间位置关系的设置进行详细的说明。

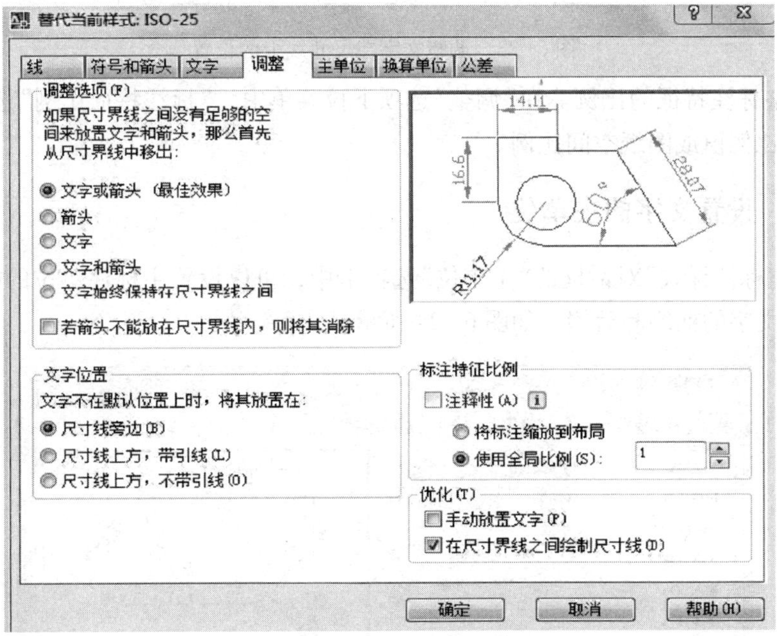

图 6-21 “调整”选项

（1）调整选项。调整选项主要用于控制基于尺寸界线之间可用空间的文字和箭头的位置，如图 6-22 所示。

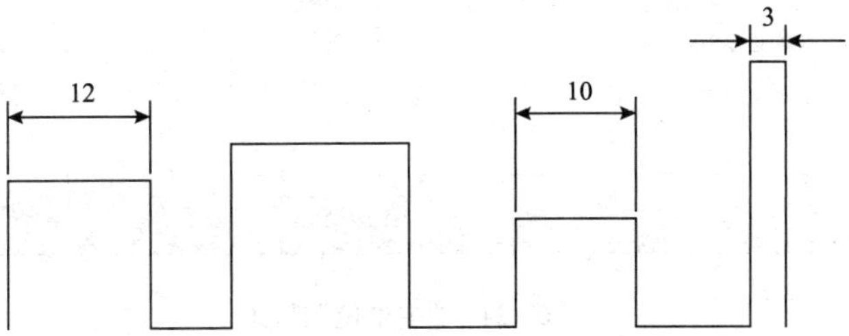

图 6-22 “放置文字和箭头”效果

提示：当尺寸间的距离仅够容纳文字时，文字放在尺寸线内，箭头放在尺寸线外；当尺寸界线间的距离仅够容纳箭头时，箭头放在尺寸界线内，文字放在尺寸界线外；当尺寸界线间的距离既不够放文字又不够放箭头时，文字和箭头都放在尺寸界线外。

(2)调整文字在尺寸线上的位置。在“调整”选项下拉菜单中，“文字位置”选项用于设置标注文字从默认位置移动时，标注文字的位置，显示效果如图6-23所示。

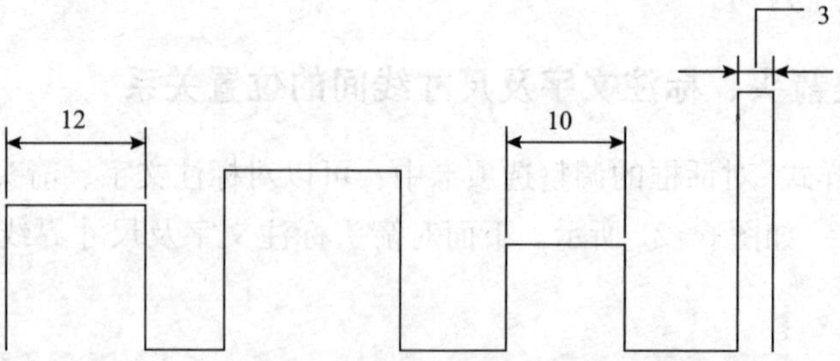

图6-23　调整文字在尺寸线上的位置

(3)调整标注特征的比例。在“调整”选项下拉菜单中，“标注特征比例”选项组用于设置全局标注比例值或图纸空间比例。

6.2.6　设置文字的主单位

在“新建标注样式”对话框的“主单位”选项卡中，可以设置主标注单位的格式和精度，并设置标注文字的前缀和后缀，如图6-24所示。

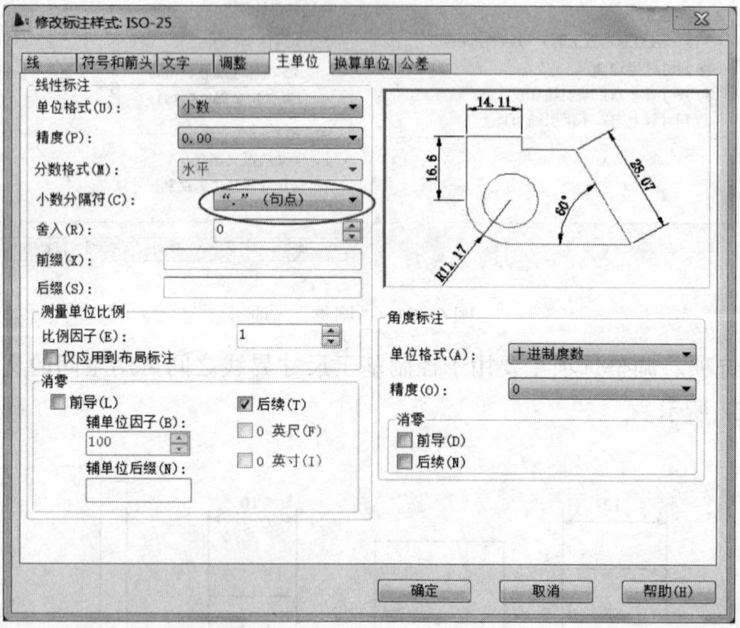

图6-24　“主单位”选项

6.2.7　设置不同单位尺寸间的换算格式及精度

在“新建标注样式”对话框的“换算单位”选项卡中，选择“显示换算单位”复选框，当前对话框变为可设置状态。此选项卡中的选项可用于设置文件的标注测量值中换算单位的显示并设置其格式和精度，如图6-25所示。

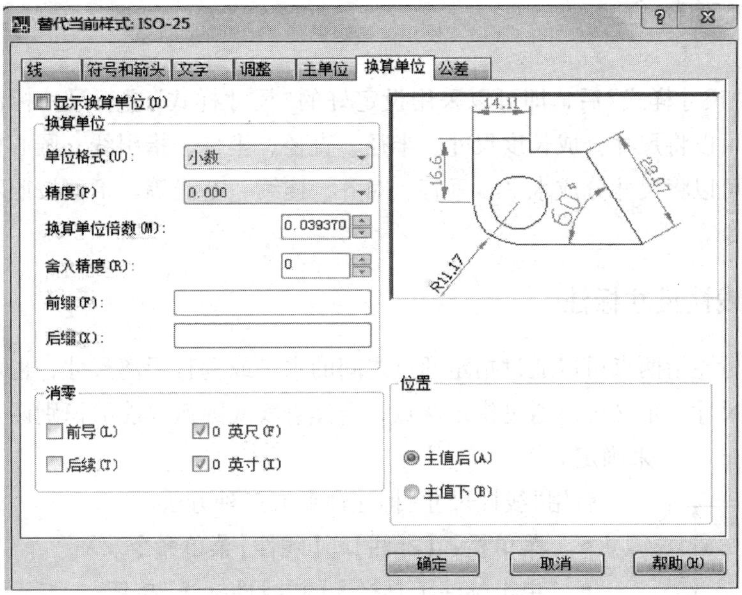

图6-25 “换算单位”选项

6.2.8 设置尺寸公差

在“新建标注样式”对话框的“公差”选项卡中，可以设置标注文字中公差的格式及显示，如图6-26所示。

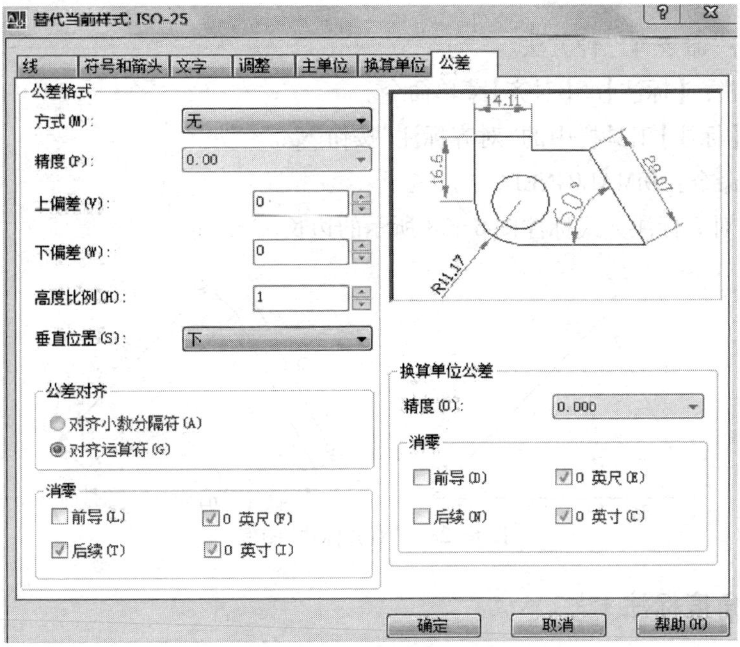

图6-26 “公差”选项

6.3 尺寸标注

在设定好“尺寸样式”后，即可以采用设定好的“尺寸样式”进行尺寸标注。按照标注尺寸的类型，可以将尺寸分成长度尺寸、半径、直径、坐标、指引线、圆心标记等，按照标注的方式，可以将尺寸分成水平、垂直、对齐、连续、基线等。下面按照不同的标注方法介绍标注命令。

6.3.1 线性尺寸标注

线性尺寸标注指两点可以通过指定两点之间的水平或垂直距离尺寸，也可以是旋转一定角度的直线尺寸。定义可以通过指定两点、选择直线或圆弧等能够识别两个端点的对象来确定。

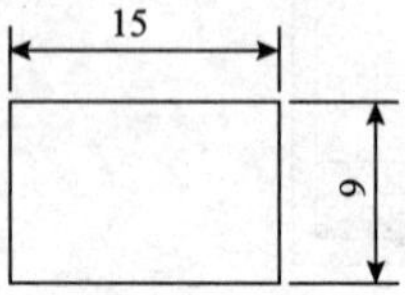

图6-27 “线性尺寸标注”图例

启用“线性尺寸”标注命令有三种方法。

- 菜单栏：【标注】⇨【线性】菜单命令。
- 单击标注工具栏上的“线性标注”按钮。
- 输入命令：DIMLINEAR。

【例】图6-27 标注为边长尺寸。

6.3.2 对齐标注

对倾斜的对象进行标注时，可以使用【对齐】命令。对齐尺寸的特点是尺寸线平行于倾斜的标注对象。

启用“对齐”命令有三种方法。

- 菜单栏：【标注】⇨【对齐】菜单命令。
- 单击【标注】工具栏中的“对齐标注”按钮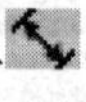。
- 输入命令：DIMALIGNED。

【例】采用对齐标注方式标注图6-28 所示的边长。

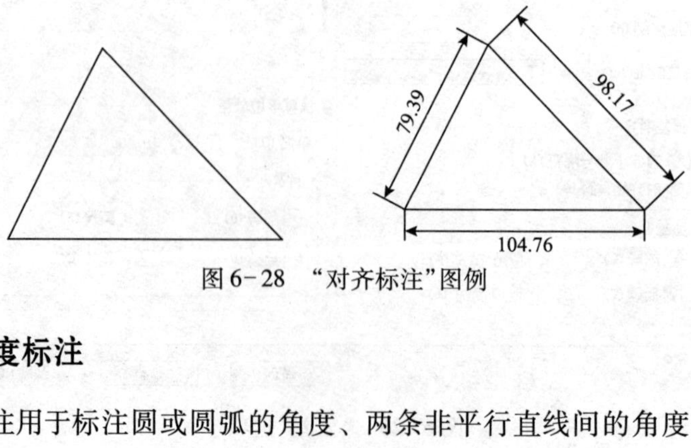

图6-28 “对齐标注”图例

6.3.3 角度标注

角度尺寸标注用于标注圆或圆弧的角度、两条非平行直线间的角度、3 点之间的角。

AutoCAD 提供了“角度”命令，用于创建角度尺寸标注。

启用“角度”命令有三种方法。

- 菜单栏：【标注】⇨【角度】菜单命令。
- 单击【标注】工具栏中的【角度标注】按钮。
- 输入命令：DIMANGULAR。

【例】标注图 6-29 所示的角的不同方向尺寸。

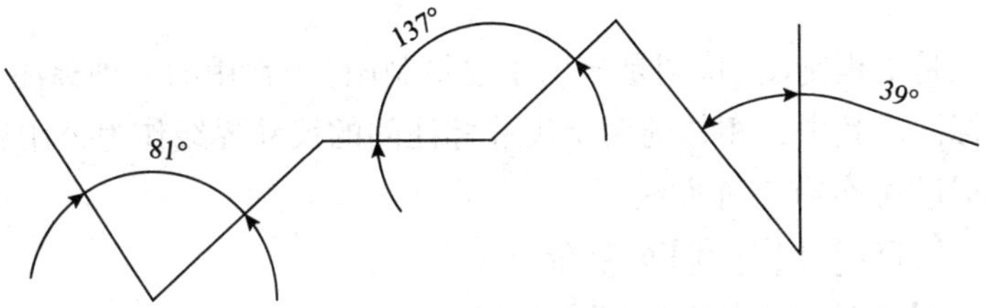

图 6-29　直线间角度的标注

6.3.4　标注半径尺寸

半径标注是由一条具有指向圆或圆弧的箭头的半径尺寸线组成，测量圆或圆弧半径时，自动生成的标注文字前将显示一个表示半径长度的字母“*R*”。

启用“半径标注”命令有三种方法。

- 菜单栏：【标注】⇨【半径】菜单命令。
- 单击【标注】工具栏中的“半径标注”按钮。
- 输入命令：DIMRADIUS。

【例】标注图 6-30 所示圆弧和圆的半径尺寸。

图 6-30　半径标注图例

6.3.5　标注直径尺寸

与圆或圆弧半径的标注方法相似。

启用“直径标注”命令有三种方法。

- 菜单栏：【标注】⇨【直径】菜单命令。
- 单击【标注】工具栏中的“直径标注”按钮。
- 输入命令：DIMDIAMETER。

【例】标注图 6-31 所示圆和圆弧的直径。

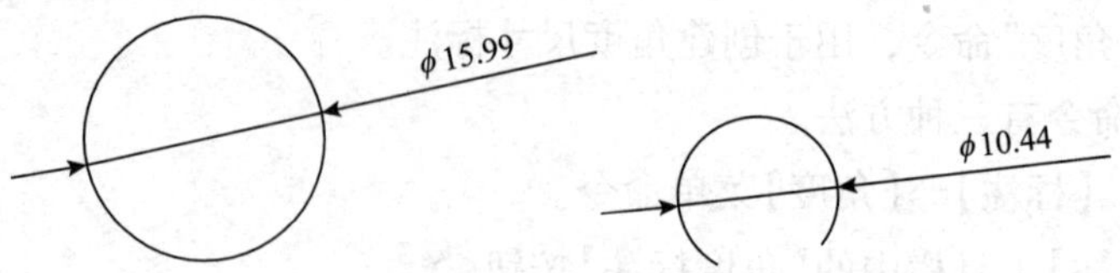

图 6-31　直径标注图例

6.3.6　连续标注

连续尺寸标注是工程制图(特别是多用于建筑制图)中常用的一种标注方式，指一系列首尾相连的尺寸标注。其中，相邻的两个尺寸标注间的尺寸界线作为公用界线。

启用“连续标注”命令有三种方法。

- 菜单栏：【标注】⇨【连续】菜单命令。
- 单击【标注】工具栏中的“连续”按钮。
- 输入命令：DCO(DIMCONTINUE)。

【例】对图 6-32 中的图形进行连续标注。

6.3.7　基线标注

对于从一条尺寸界线出发的基线尺寸标注，可以快速进行标注，无须手动设置两条尺寸线之间的间隔。

启用“基线标注”命令有三种方法。

- 菜单栏：【标注】⇨【基线】菜单命令。
- 单击【标注】工具栏中的“基线”按钮。
- 输入命令：DIMBASELINE。

【例】采用基线标注方式标注图 6-33 中的尺寸。

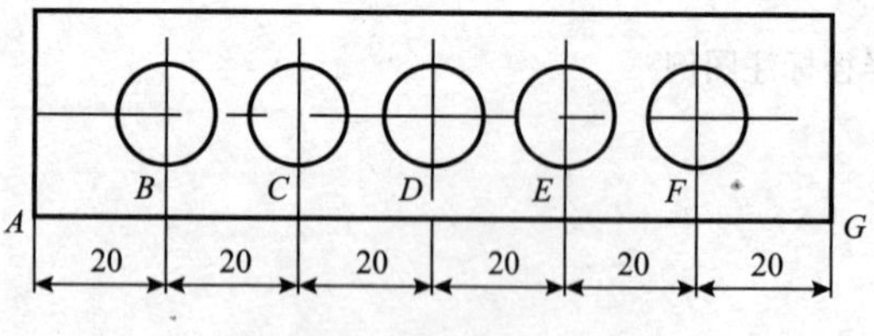

图 6-32　连续标注图例

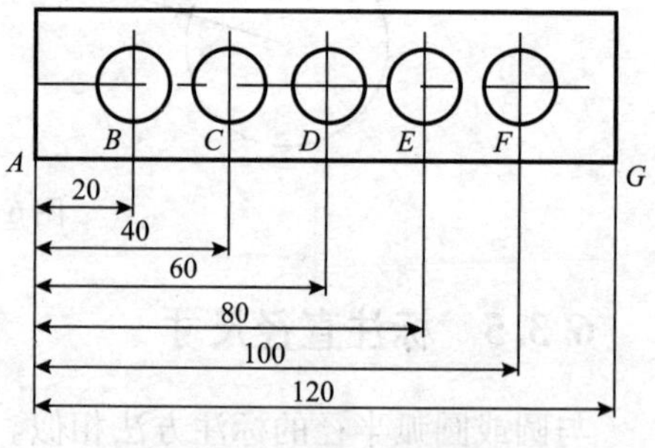

图 6-33　基线标注图例

6.4　多重引线标注

在机械上，引线标注通常用于为图形标注倒角、零件编号、形位公差等，在 AutoCAD 中，可使用多重引线标注命令(MLEADER)创建引线标注。多重引线标注由带箭头或不带箭头的直线或样条曲线（又称引线），一条短水平线（又称基线），以及处于引线末端的文字或块组成。

6.4.1　创建多重引线

启用“多重引线”命令有三种方法。

- 菜单栏：【标注】→【多重引线】菜单命令。
- 单击【标注】工具栏中的“多重引线”按钮。
- 输入命令：DIMJOGI。

例如，要利用“多重引线”命令标注图6-34所示斜线段AB的倒角。

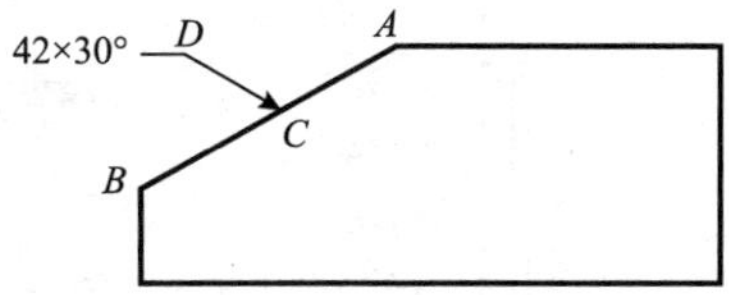

图6-34　引线标注

6.4.2　创建和修改多重引线样式

多重引线样式可以控制引线的外观，即可以指定基线、引线、箭头和内容的格式。用户可以使用默认多重引线样式Standard，也可以创建自己的多重引线样式。

创建多重引线样式的方法如下。

（1）打开【多重引线样式】菜单命令，打开“多重引线样式管理器”对话框，如图6-35所示。

（2）单击“新建”按钮，在打开的“创建新多重引线样式”对话框中设置新样式的名称，然后单击“继续”按钮，如图6-36所示。

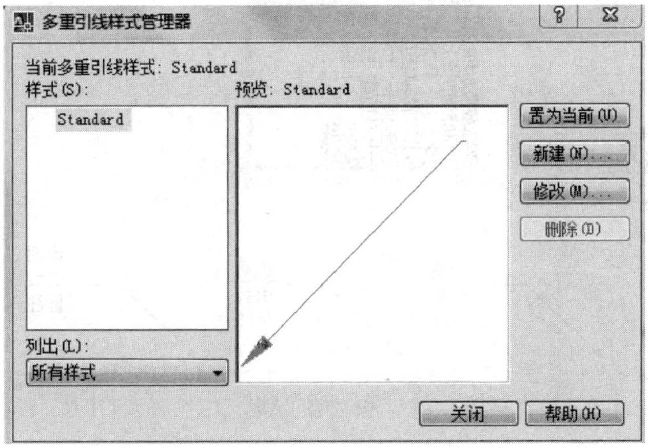

图6-35　“多重引线样式管理器”对话框

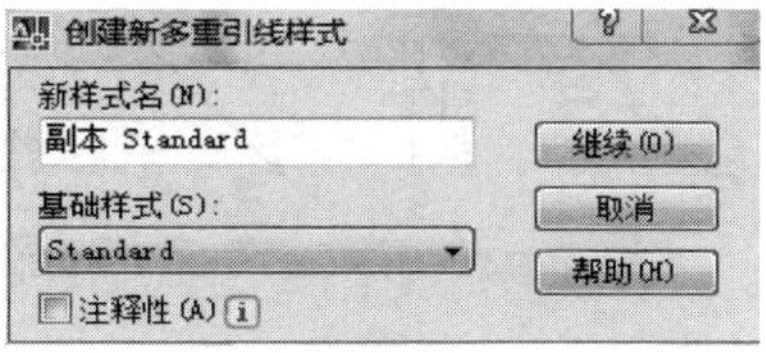

图6-36　“创建新多重引线样式”对话框

（3）打开“修改多重引线样式：引线标注”对话框，在“引线格式”选项卡中可设置引线的类型、颜色、线型和线宽，引线前端箭头符号和箭头大小，如图6-37所示。

（4）打开“引线结构”选项卡，在此可设置“最大引线点数”，是否包含基线，以及基线长度。

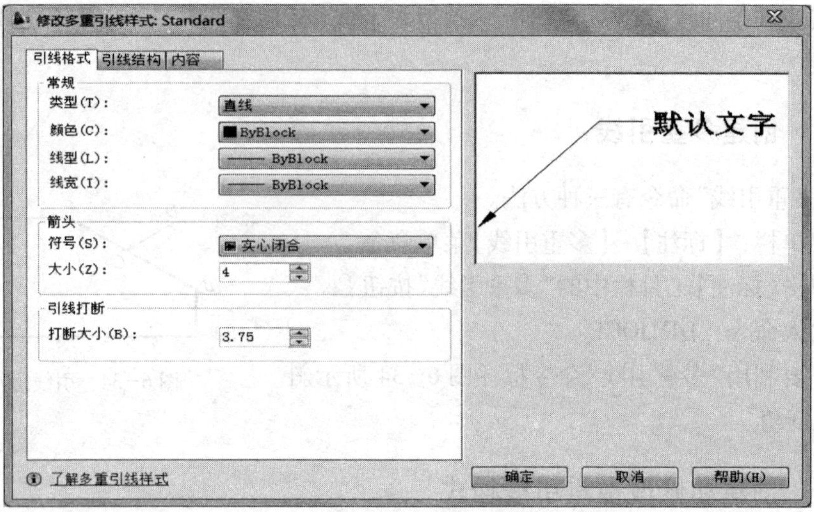

图 6-37 “引线格式”选项卡

(5)打开“内容”选项卡，在此可设置“多重引线类型”(多行文字或块)。如果多重引线类型为多行文字，还可设置文字的样式、角度、颜色、高度等。

(6)“引线连接”设置区用于设置当文字位于引线左侧或右侧时，文字与基线的相对位置，以及文字与基线的距离，如图 6-38 所示。

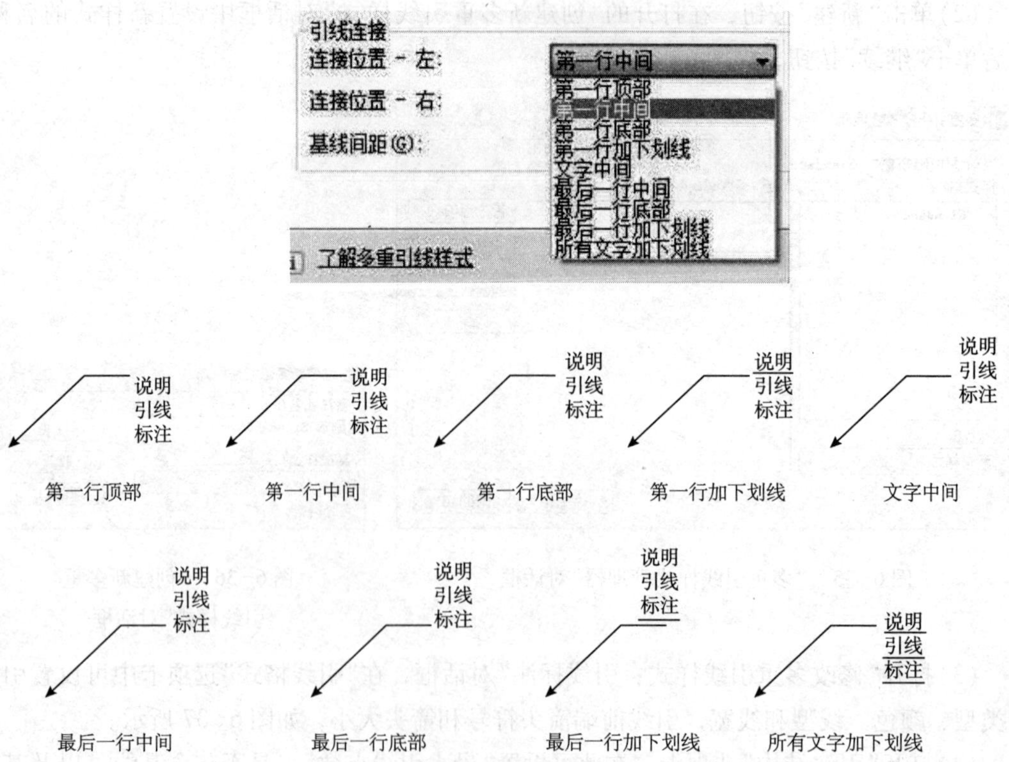

图 6-38 基线连接到多重引线文字的方式

(7)如果将"多重引线类型"设置为"块"，此时系统将显示"块选项"设置区，利用该设置区可设置块类型，块附着到引线的方式，以及块颜色等，如图6-39左图所示。

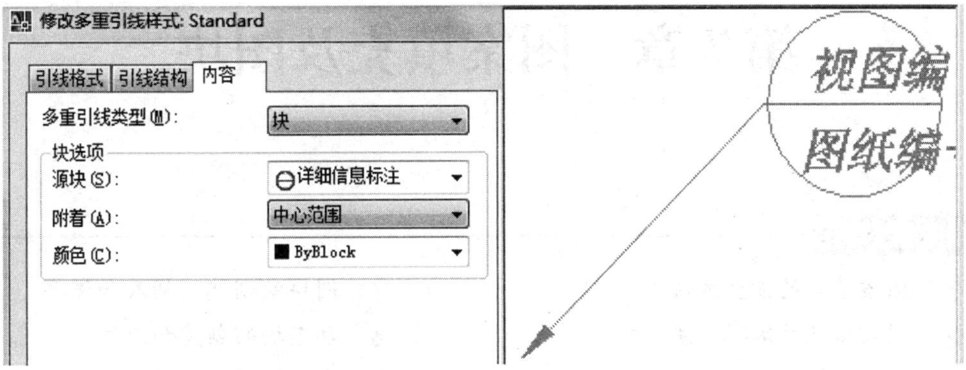

图6-39　设置"多线引线类型"为块

提示：这里所说的块实际上是一个带属性的注释信息块。例如，默认块类型为"详细信息标注"，利用这类多重引线样式创建多重引线标注时，在确定了引线和基线位置后，系统会提示用输入视图编号和图纸编号。

(8)设置结束后，单击"确定"按钮，返回"多重引线管理器"对话框。

(9)单击"关闭"按钮，关闭"多重引线样式管理器"对话框。

经验之谈：若要修改现有的多重引线样式，可在"多重引线样式管理器"对话框的"样式"列表中选中要修改的样式，然后单击"修改"按钮。

习　题

设置图形界限，按1:1绘制如图6-40所示的图形，建立尺寸标注层，设置合适的尺寸标注样式完成图形。

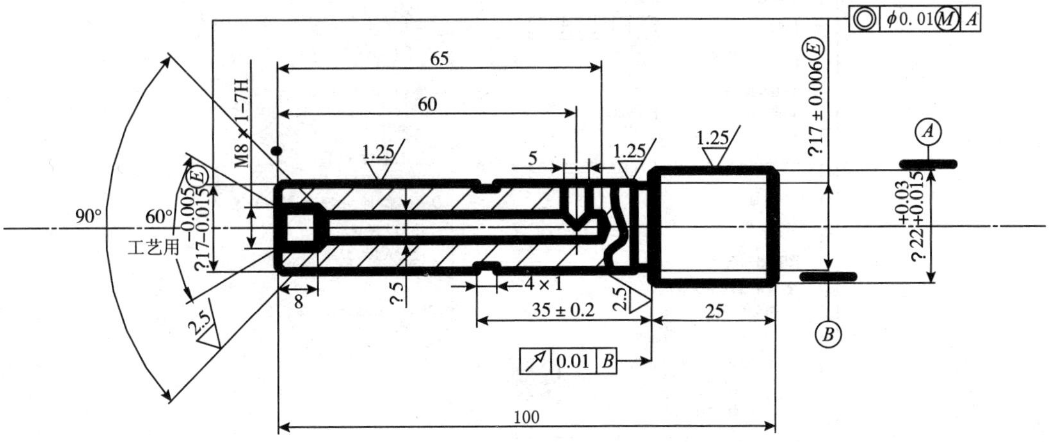

图6-40　尺寸标注练习

第 7 章　图案填充及图块

本章主要内容

- 图案填充的设置方法
- 图案填充的编辑方法
- 运用渐变色功能
- 图块的创建、插入和保存
- 动态块的创建和应用
- 带属性图块的创建、应用和编辑

7.1　图案填充命令

启用“图案填充”命令有三种方法：

- 菜单栏：【绘图】⇨【图案填充】菜单命令。
- 单击绘图工具栏上的“图案填充”按钮。
- 输入命令：BH(BHATCH)。

启用“图案填充”命令后，系统将弹出如图 7-1 所示“图案填充和渐变色”对话框。

图 7-1　“图案填充和渐变色”对话框

7.1.1 选择图案填充区域

在图7-1所示的“图案填充和渐变色”对话框中，右侧排列的“按钮”与“选项”用于选择图案填充的区域。这些按钮与选项的位置是固定的，无论选择那个选项卡都可以发生作用。

在“图案填充和渐变色”对话框中，各选项组的意义如下：

(1)“边界”选项组。该选项组中可以选择“图案填充”的区域方式。其各个选项的意义如下。

- 【添加：拾取点】按钮：用于根据图中现有的对象自动确定填充区域的边界，该方式要求这些对象必须构成一个闭合区域。对话框将暂时关闭，系统提示用户拾取一个点。单击该按钮，系统将暂时关闭“图案填充和渐变色”对话框，此时就可以在闭合区域内单击，系统自动以虚线形式显示用户选中的边界，如图7-2所示。

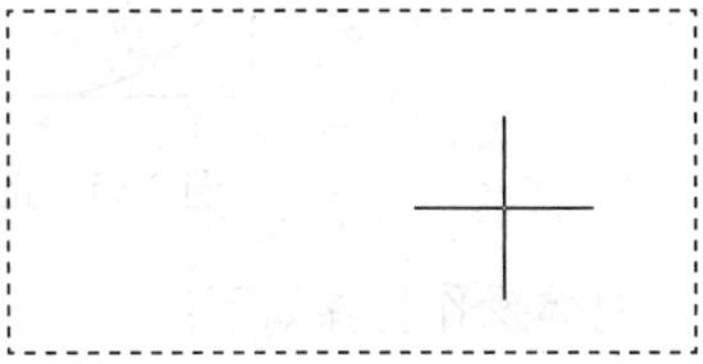

图7-2 添加拾取点

确定完图案填充边界后，下一步就是在绘图区域内单击鼠标右键以显示光标菜单，如图7-3所示，利用此选项用户可以单击“预览”选项，来预览图案填充的效果，如图7-4所示。

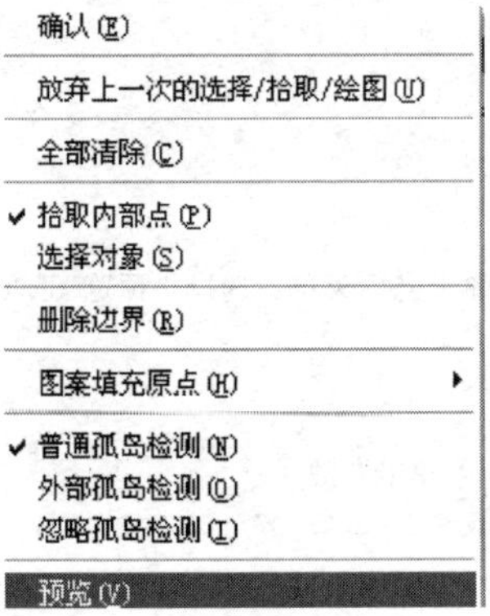

图7-3 光标菜单

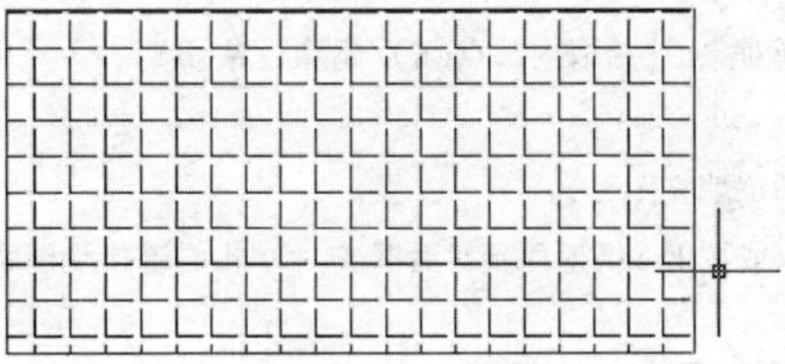

图7-4 填充效果

具体操作步骤如下：

命令：_bhatch↙ //选择图案填充命令，在弹出的图案填充与渐变色对话框中单击拾取点按钮

拾取内部点或[选择对象(S)/删除边界(B)]：正在选择所有对象...

//在图形内部单击，如图7-2所示

正在选择所有可见对象

正在分析所选数据

正在分析内部孤岛 //边界变为虚线，单击右键，弹出光标菜单，选择“预览”选项，如图7-3所示

拾取内部点或[选择对象(S)/删除边界(B)]：↙

<预览填充图案>

拾取或按Esc键返回到对话框或 <单击右键接受图案填充>：

//单击右键，填充效果如图7-4所示

- 【添加：选择对象】按钮：用于选择图案填充的边界对象，该方式需要用户逐一选择图案填充的边界对象，选中的边界对象将变为虚线，如图 7-5 所示，系统不会自动检测内部对象，如图 7-6 所示。

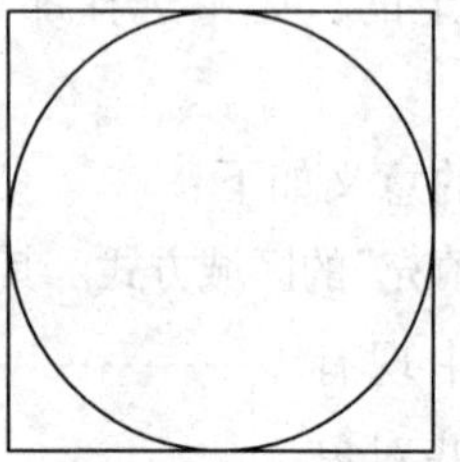

图 7-5　选中边界

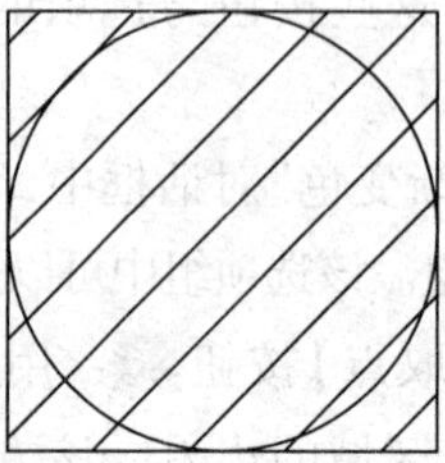

图 7-6　填充效果

具体操作步骤如下：

命令：_bhatch↙　　　//选择图案填充命令，在弹出的的图案填充与渐变色对话框中单击选择对象按钮

选择对象或[拾取内部点(K)/删除边界(B)]：找到 1 个　　　//依次单击各个边

选择对象或[拾取内部点(K)/删除边界(B)]：找到 1 个，总计 2 个

选择对象或[拾取内部点(K)/删除边界(B)]：找到 1 个，总计 3 个

选择对象或[拾取内部点(K)/删除边界(B)]：找到 1 个，总计 4 个

选择对象或[拾取内部点(K)/删除边界(B)]：找到 1 个，总计 7 个

选择对象或[拾取内部点(K)/删除边界(B)]：找到 1 个，总计 6 个

选择对象或[拾取内部点(K)/删除边界(B)]：　　　//单击右键，弹出光标菜单，选择“预览”选项，如图 7-3 所示

< 预览填充图案 >

拾取或按 Esc 键返回到对话框或 < 单击右键接受图案填充 >：　　　//单击右键

结果如图 7-6 所示。

- 【删除边界】按钮：用于从边界定义中删除以前添加的任何对象，如图 7-7 所示。

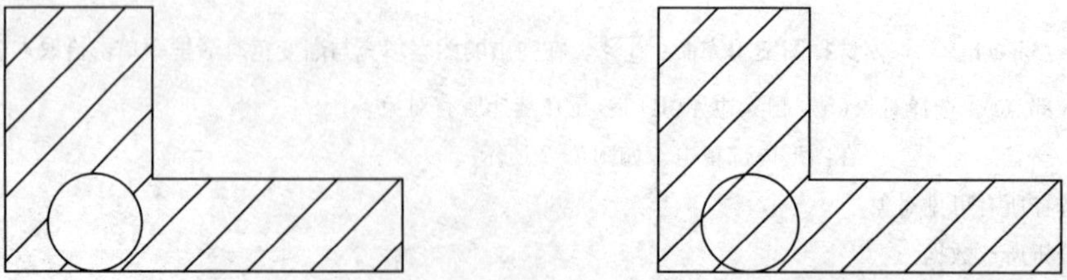

（a）删除边界前　　　（b）删除边界后

图 7-7　删除图案填充边界

具体操作步骤如下：

命令：_rectang↙　　　　　　　　　　　　//选择图案填充命令，在弹出“图案填充与渐变色”对话框中单击拾取点按钮

拾取内部点或[选择对象(S)/删除边界(B)]：　　//单击 A 点附近位置，如图 7-8(a)所示

正在选择所有可见对象...

正在分析所选数据...

正在分析内部孤岛...

拾取内部点或[选择对象(S)/删除边界(B)]：　　//按【Enter】键，返回“图案填充和渐变色”对话框，单击删除边界按钮

选择对象或[添加边界(A)]：　　　　　　　　//单击选择圆 B，如图 7-8(b)所示

选择对象或[添加边界(A)/放弃(U)]：　　　　//单击选择圆 C，如图 7-8(c)所示

选择对象或[添加边界(A)/放弃(U)]：　　　　//按【Enter】键，返回“图案填充和渐变色”对话框，单击确定按钮

结果如图 7-8(c)所示。

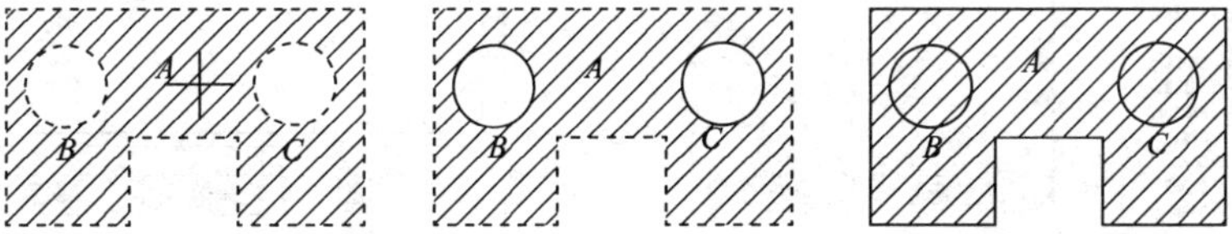

(a) 拾取点　　(b) 选择删除边界　　(c) 删除边界后

图 7-8　删除边界过程

- 【重新创建边界】按钮：围绕选定的图形边界或填充对象创建多段线或面域，并使其与图案填充对象相关联(可选)。如果未定义图案填充，则此选项不可选用。
- 【查看选择集】按钮：单击查看选择集按钮选项，系统将显示当前选择的填充边界。如果未定义边界，则此选项不可选用。

(2)“选项”选项组。在“选项”选项组，是控制几个常用的图案填充或填充选项。

- 【关联】选项：用于创建关联图案填充。关联图案是指图案与边界相连接，当用户修改边界时，填充图案将自动更新。
- 【创建独立的图案填充】选项：用于控制当指定了几个独立的闭合边界时，是创建单个图案填充对象，还是创建多个图案填充对象。
- 【绘图顺序】选项：用于指定图案填充的绘图顺序，图案填充可以放在所有其他对象之后，所有其他对象之前、图案填充边界之后或图案填充边界之前。
- 【继承特性】按钮：用指定图案的填充特性填充到指定的边界。单击继承特性按钮，并选择某个已绘制的图案，系统即可将该图案的特性填充到当前填充区域中。

7.1.2　选择图案样式

在“图案填充”选项卡中，“类型和图案”选项组可以选择图案填充的样式。“图案”下

拉列表用于选择图案的样式，如图 7-9 所示，所选择的样式将在其下的“样例”显示框中显示出来，用户需要时可以通过滚动条来选取自己所需要的样式。

单击“图案”下拉列表框右侧的按钮 ... 或单击“样例”显示框，弹出“填充图案选项板”的对话框，如图 7-10 所示，列出了所有预定义图案的预览图像。

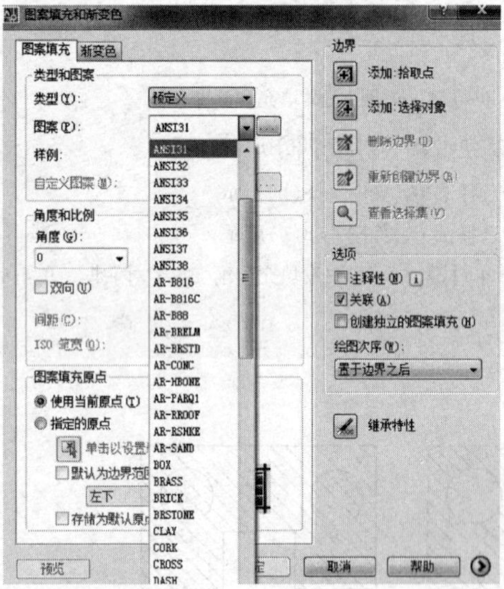

图 7-9 选择图案样式

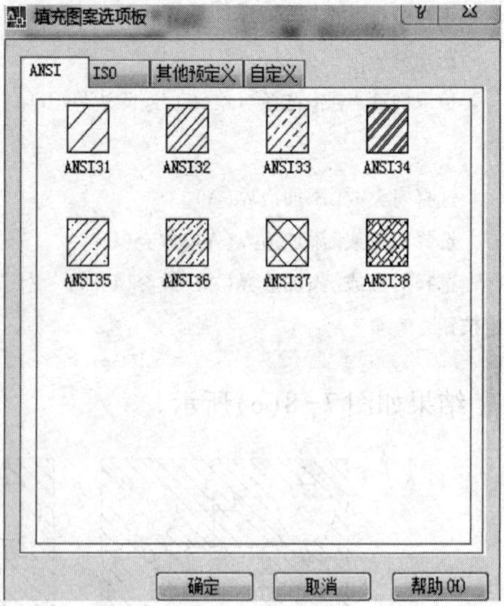

图 7-10 “填充图案选项板”对话框

在“填充图案选项板”对话框中，各个选项的意义如下：

- 【ANSI】选项：用于显示系统附带的所有 ANSI 标准图案，如图 7-10 所示。
- 【ISO】选项：用于显示系统附带的所有 ISO 标准图案，如图 7-11 所示。
- 【其他预定义】选项：用于显示所有其他样式的图案，如图 7-12 所示。
- 【自定义】选项：用于显示所有已添加的自定义图案。

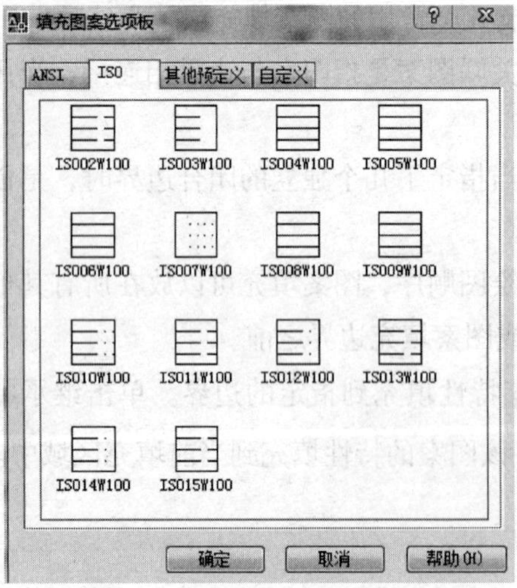

图 7-11 ISO 选项

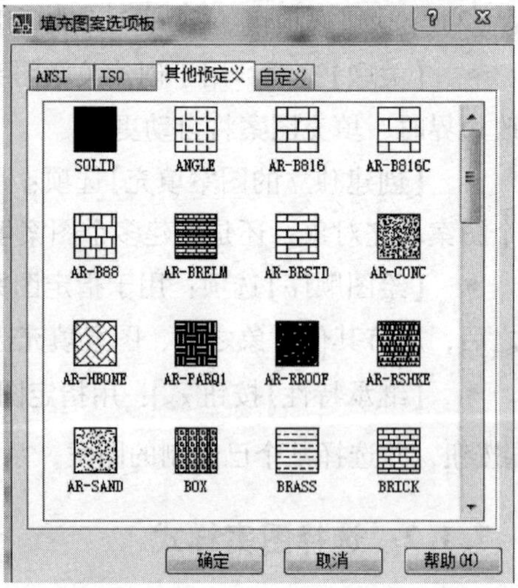

图 7-12 其他预定义

7.1.3 孤岛的控制

在“图案填充与渐变色”对话框中，单击“更多”选项按钮，展开其他选项，可以控制“孤岛”的样式，此时对话框如图 7-13 所示。

图 7-13 “孤岛”样式对话框

(1)“孤岛”选项组。在“孤岛”选项组中，各选项的意义如下。

- 【孤岛检测】选项：控制是否检测内部闭合边界。
- 【普通】选项：从外部边界向内填充。如果系统遇到一个内部孤岛，它将停止进行图案填充，直到遇到该孤岛的另一个孤岛。其填充效果如图 7-14 所示。
- 【外部】选项：从外部边界向内填充。如果系统遇到内部孤岛，它将停止进行图案填充。此选项只对结构的最外层进行图案填充，而图案内部保留空白。其填充效果如图 7-15所示。
- 【忽略】选项：忽略所有内部对象，填充图案时将通过这些对象。其填充效果如图 7-16 所示。

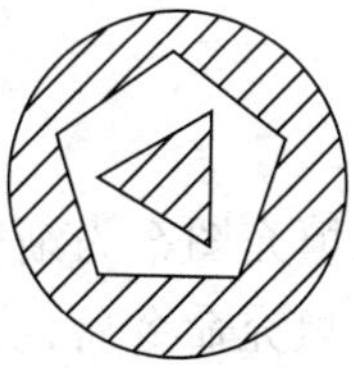

图 7-14 普通

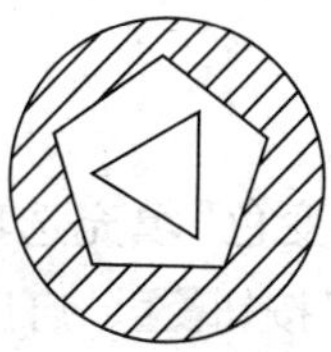

图 7-15 外部

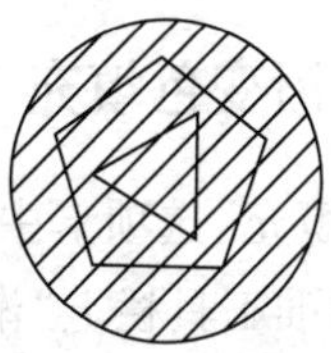

图 7-16 忽略

(2)“边界保留”选项组。在“边界保留”选项组中，指是否将边界保留为对象，并确定应用于这些对象的对象类型。

(3)“边界集”选项组。在“边界集”选项组中，是定义当从指定点定义边界时要分析的对象集。当使用“选择对象”定义边界时，选定的边界集无效。

- 【新建按钮】：提示用户选择用来定义边界集的对象。

(4)“允许的间隙”选项组。在“允许的间隙选项组”中，设置将对象用作图案填充边界时可以忽略的最大间隙。默认值为0，此值指定对象必须是封闭区域而没有间隙。

- 【公差】文本框：按图形单位输入一个值(从0到700)，以设置将对象用作图案填充边界时可以忽略的最大间隙。任何小于等于指定值的间隙都将被忽略，并将边界视为封闭。

(5)“继承选项”选项组。在“继承选项”选项组中，使用该选项创建图案填充时，这些设置将控制图案填充原点的位置。

- 【使用当前原点】：使用当前的图案填充原点的设置。
- 【使用源图案填充的原点】：使用源图案填充的图案填充原点。

7.1.4 选择图案的角度与比例

在“图案填充”选项卡中，“角度和比例”可以定义图案填充角度和比例。“角度”下拉列表框用于选择预定义填充图案的角度，用户也可在该列表框中输入其他角度值，如图7-17所示。

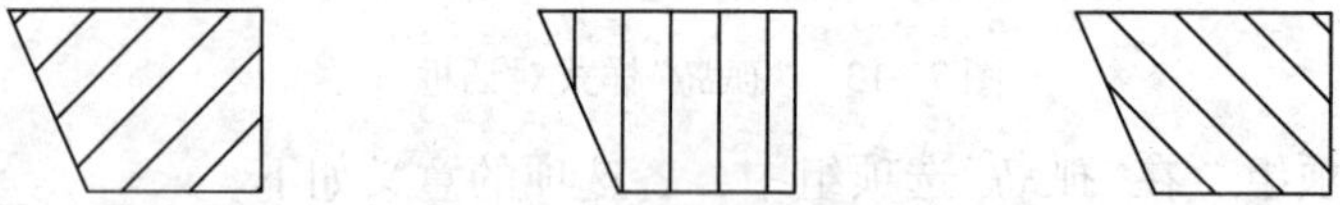

(a) 角度为0°　(b) 角度为45°　(c) 角度为90°

图7-17 填充角度

在“图案填充”选项卡中，比例下拉列表框用于指定放大或缩小预定义或自定义图案，用户也可在该列表框中输入其他缩放比例值，如图7-18所示。

(a) 比例为0.7　(b) 比例为1　(c) 比例为2

图7-18 填充比例

7.1.5 渐变色填充

在“图案填充”选项卡中，选择“渐变色”填充选项卡，可以填充图案为渐变色。也可以直接单击标准工具栏上“渐变色填充”按钮。启用“渐变色”填充命令后，系统弹出如图7-19所示“渐变色填充”对话框。

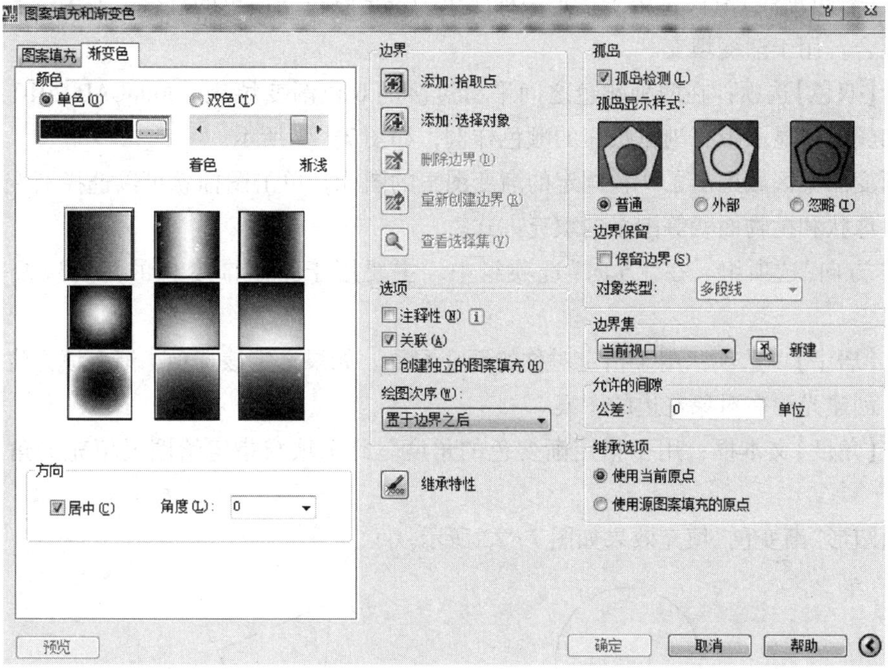

图 7-19 “渐变色填充”选项

在“渐变色填充”选项卡中，各选项组的意义如下：

(1)“颜色”选项组。在“颜色”选项组中，主要用于设置渐变色的颜色。

- 【单色】选项：从较深的着色到较浅色调平滑过渡的单色填充。如图 7-19 所示，选择颜色按钮...，系统弹出如图 7-20 所示的对话框，从中可以选择系统所提供的索引颜色、真彩色或配色系统颜色。

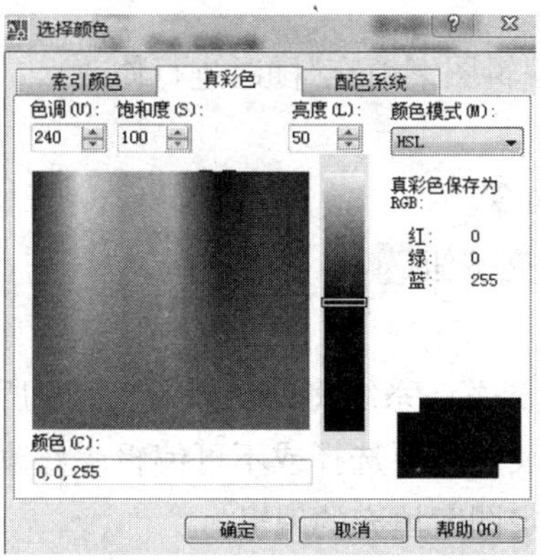

图 7-20 “选择颜色”对话框

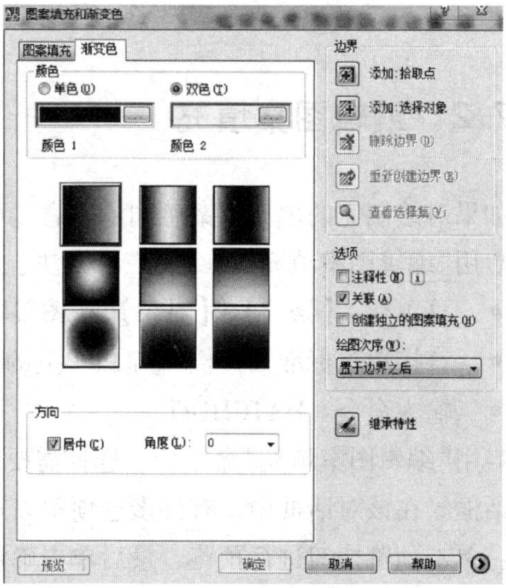

图 7-21 双色选项

● 【着色渐浅】滑块：用于指定一种颜色为选定颜色与白色的混合，或为选定颜色与黑色的混合，用于渐变填充。

● 【双色】选项：在两种颜色之间平滑过渡的双色渐变填充。AutoCAD 2010 分别为颜色 1 和颜色 2 显示带有浏览按钮的颜色样例，如图 7-21 所示。

在渐变图案区域列出了 9 种固定的渐变图案的图标，单击图标就可以选择渐变色填充为线状、球状和抛物面状等图案的填充方式。

(2)"方向"选项组。在"方向"选项组中，主要用于指定渐变色的角度以及其是否对称。

● 【居中】单选项：用于指定对称的渐变配置。如果选定该选项，渐变填充将朝左上方变化，创建光源在对象左边的图案。

● 【角度】文本框：用于指定渐变色的角度。此选项与指定给图案填充的角度互不影响。

平面图形"渐变色"填充效果如图 7-22 所示。

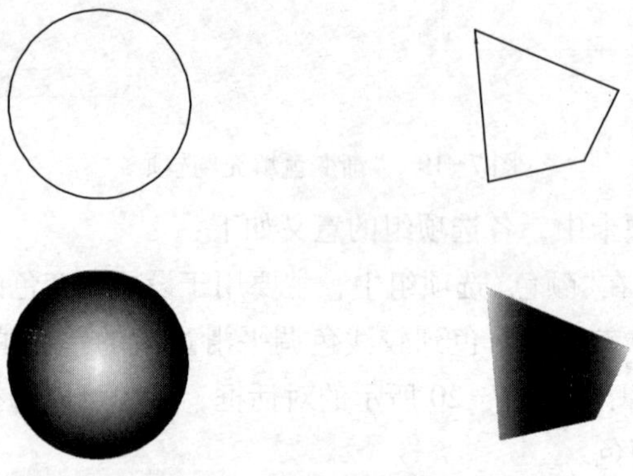

图 7-22　平面图形"渐变色"填充效果

7.2　编辑图案填充

如果对绘制完的填充图案感到不满意，可以通过"编辑图案填充"随时进行修改。

启用"编辑图案填充"命令有三种方法。

● 菜单栏：【修改】⇨【对象】⇨【图案填充】菜单命令。

● 直接单击标准工具栏"修改Ⅱ"上的编辑图案填充按钮。

● 输入命令：HATCHDIT。

启用"编辑图案填充"命令后，选择需要编辑的填充图案，系统将弹出如图 7-23 所示的对话框。在该对话框中，有许多选项都以灰色显示，表示不要选择或不可编辑。修改完成后，单击预览按钮进行预览，最后单击确定按钮，确定图案填充的编辑。

将图 7-24 所示左侧图形中的图案填充，改成右侧图形所示的图案填充形式。

命令：_hatchedit↙ //选择编辑图案填充命令

选择图案填充对象： //选择图7-24(a)中的图案填充，系统自动弹出如图7-23所示的对话框，按确定按钮，完成如图7-24(b)所示。

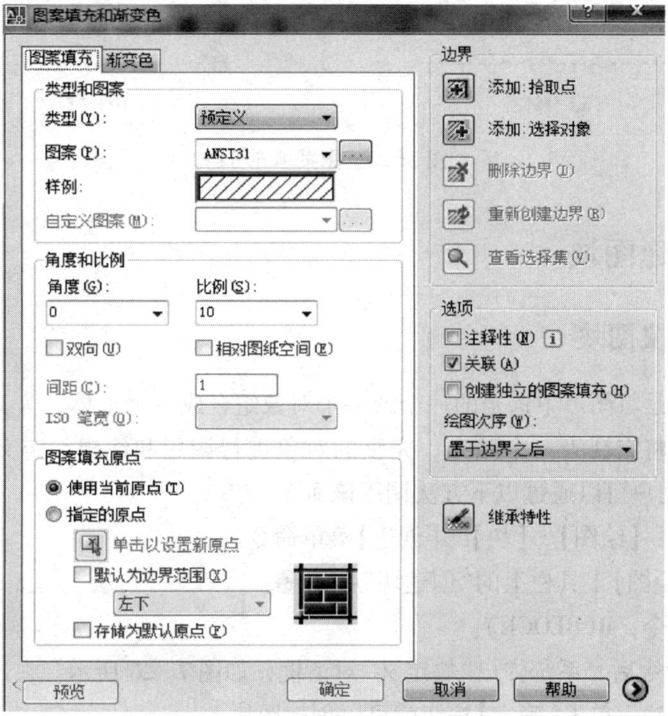

图7-23 图案填充编辑选项

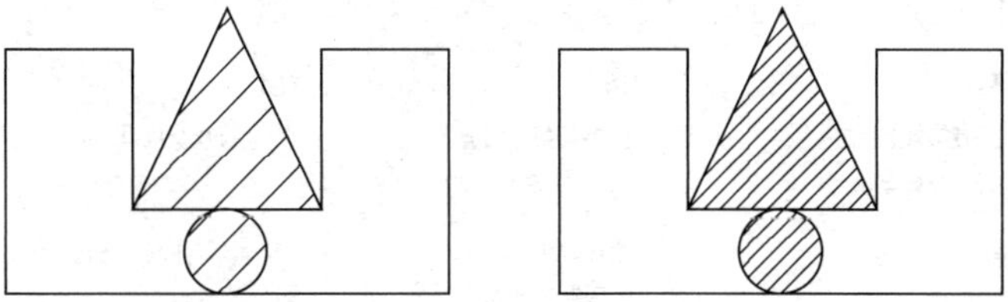

(a)编辑前 (b)编辑后

图7-24 图案填充编辑图例

7.3 图案填充的分解

图案填充无论多么复杂，通常情况下都是一个整体，即一个匿名“块”。在一般情况下不会对其中的图线进行单独的编辑，如果需要编辑，也是采用图案填充编辑命令。但在一些特殊情况下，如标注的尺寸和填充的图案重叠，必须将部分图案打断或删除以便清晰显示尺寸，此时必须将图案分解，然后才能进行相关的操作。

用“分解”命令分解后的填充图案变成了各自独立的实体。图7-25显示了分解前和分解后的不同夹点。

（a）分解前　　（b）分解后

图7-25　图案填充分解

7.4　创建图块

7.4.1　定义图块

定义图块就是将图形中选定的一个或多个对象组合成一个整体，为其命名保存，并在以后使用过程中将它视为一个独立、完整的对象进行调用和编辑。定义图块时需要执行“Block”命令，用户可以通过以下方法调用该命令。

- 菜单栏：【绘图】⇨【块】⇨【创建】菜单命令。
- 单击【绘图】工具栏上的“创建块”按钮。
- 输入命令：B(BLOCK)。

启用“块”命令后，系统弹出“块定义”对话框，如图7-26所示。在该对话框中对图形进行块的定义，然后单击【确定】按钮就可以创建图块。

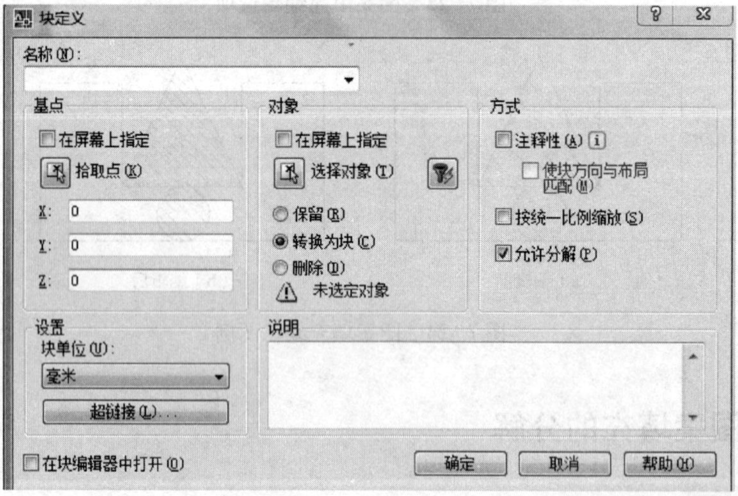

图7-26　“块定义”对话框

在“块定义”对话框中各个选项的意义如下。

(1)【名称】列表框：用于输入或选择图块的名称。

(2)【基点】选项组：用于确定图块插入基点的位置。用户可以输入插入基点的 X、Y、Z 坐标；也可以单击【拾取点】按钮，在绘图窗口中选取插入基点的位置。

(3)【对象】选项组：用于选择构成图块的图形对象。

- 【选择对象】：单击该按钮，即可在绘图窗口中选择构成图块的图形对象。
- 【快速选择】：单击该按钮，打开"快速选择"对话框，如图 7-27 所示。可以通过该对话框进行快速过滤来选择满足条件的实体目标。
- 【保留】：选择该选项，则在创建图块后，所选图形对象仍保留并且属性不变。

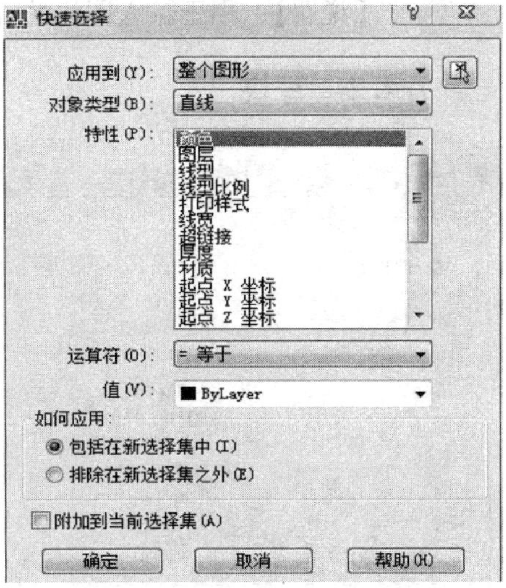

图 7-27 "快速选择"对话框

- 【转换为块】：选择该选项，则在创建图块后，所选图形对象转换为图块。
- 【删除】：选择该选项，则在创建图块后，所选图形对象将被删除。

(4)【设置】选项组：用于指定块的设置。

- 【块单位】：指定块参照插入单位。
- 【超链接】：将某个超链接与块定义相关联，单击该按钮，弹出"插入超链接"对话框，如图 7-28 所示，从列表或指定的路径，可以将超链接与块定义相关联。

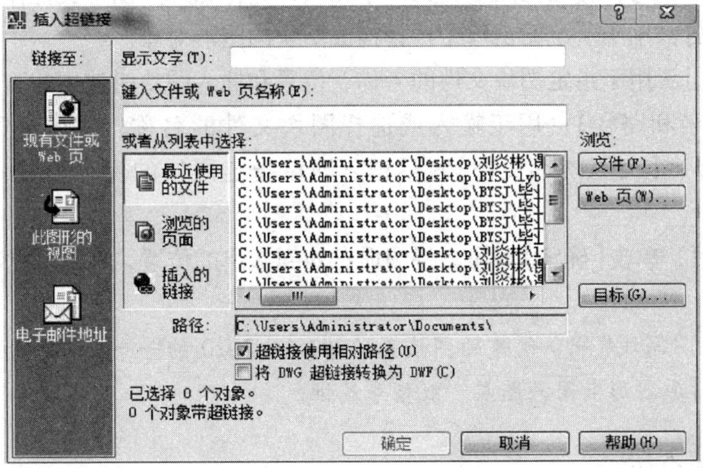

图 7-28 "插入超链接"对话框

- 【在块编辑器中打开】复选框：用于在块编辑器中打开当前的块定义，主要用于创建动态块。

(5)【方式】选项组：用于块的方式设置。

- 【按统一比例缩放】：指定块参照是否按统一比例缩放。
- 【允许分解】：指定块参照是否可以被分解。

- 【说明】：用于输入图块的说明文字。

7.4.2 写块

前面定义的图块，只能在当前图形文件中使用，称为内部块，如果需要在其他图形中使用已经定义的图块，如标题栏、图框以及一些通用的图形对象等，可以将图块以图形文件形式保存下来。这时，它就和一般图形文件没有什么区别，可以被打开、编辑，也可以以图块形式方便地插入到其他图形文件中。“保存图块”也就是我们通常所说的【写块】。

【写块】需要使用“WBLOCK”命令，启用命令后，系统将弹出如图7-29所示的“写块”对话框。

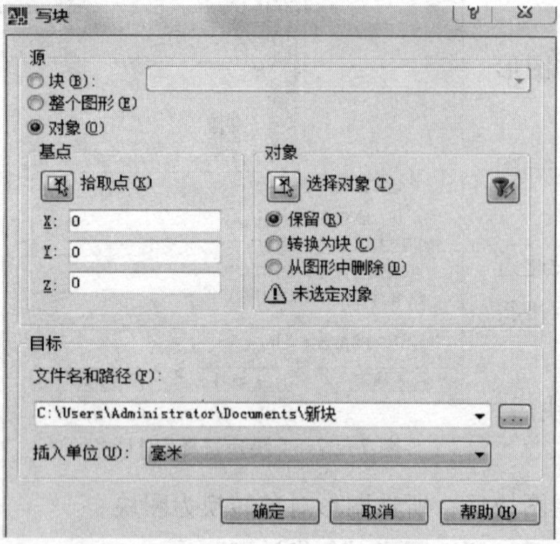

图7-29 “写块”对话框

在“写块”对话框中各个选项的意义如下。

(1)【源】。用于选择图块和图形对象，将其保存为文件并为其指定插入点。

- 【块】：用于从列表中选择要保存为图形文件的现有图块。
- 【整个图形】：将当前图形作为一个图块，并作为一个图形文件保存。
- 【对象】：用于从绘图窗口中选择构成图块的图形对象。
- 【目标】：用于指定图块文件的名称、位置和插入图块时使用的测量单位。

(2)【文件名和路径】。用于输入或选择图块文件的名称、保存位置。单击右侧的【...】按钮，弹出【浏览图形文件】对话框，即可指定图块的保存位置，并指定图块的名称。

设置完成后，单击【确定】按钮，将图形存储到指定的位置，在绘图过程中需要时即可调用。

提示：利用“写块”命令创建的图块是AutoCAD 2010的一个DWG文件，属于外部文件，它不会保留原图形未用的图层、线型等属性。

7.4.3 插入块

在绘图过程中，若需要应用图块时，可以利用“插入块”命令将已创建的图块插入到当前图形中。在插入图块时，用户需要指定图块的名称、插入点、缩放比例和旋转角度等。

启用“插入块”命令有两种方法。

- 菜单栏：【插入】⇨【块】菜单命令。
- 单击【绘图】工具栏中的【插入块】按钮。

- 输入命令：I(INSERT)。

利用上述任意一种方法启用“插入块”命令，弹出“插入”对话框，如图7-30所示，从中即可指定要插入的图块名称与位置。

在“插入”对话框中各个选项的意义如下：

(1)【名称】。用于输入或选择需要插入的图块名称。

若需要使用外部文件(即利用“写块”命令创建的图块)，可以单击【浏览】按钮，在弹出的“选择图形文件”对话框选择相应的图块文件，单击【确定】按钮，即可将该文件中的图形作为块插入到当前图形。

(2)【插入】。用于指定块的插入点的位置。用户可以利用鼠标在绘图窗口中指定插入点的位置，也可以输入X、Y、Z坐标。

(3)【比例】。用于指定块的缩放比例。用户可以直接输入块的X、Y、Z方向的比例因子，也可以利用鼠标在绘图窗口中指定块的缩放比例。

(4)【旋转】。用于指定块的旋转角度。在插入块时，用户可以按照设置的角度旋转图块。也可以利用鼠标在绘图窗口中指定块的旋转角度。

(5)【分解】。若选择该选项，则插入的块不是一个整体，而是被分解为各个单独的图形对象。

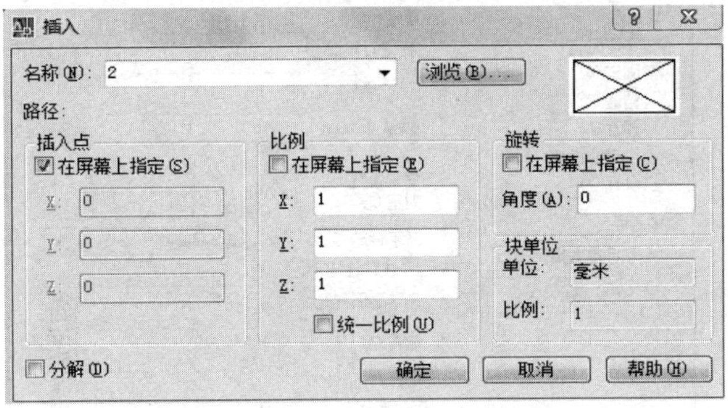

图7-30 “插入”对话框

7.4.4 分解图块

当在图形中使用块时，AutoCAD 2010将块作为单个的对象处理，只能对整个块进行编辑。如果用户需要编辑组成块的某个对象时，需要将块的组成对象分解为单一个体。

将图块分解，有以下几种方法。

(1)插入图块时，在“插入”对话框中，选择“分解”复选框，再单击【确定】按钮，插入的图形仍保持原来的形式，但可以对其中某个对象进行修改。

(2)插入图块对象后，使用“分解”命令，单击工具栏中的按钮，将图块分解为多个对象。分解后的对象将还原为原始的图层属性设置状态。如果分解带有属性的块，属性值将丢失，并重新显示其属性定义。

7.5 创建带属性的图块

图块属性是附加在图块上的文字信息，在 AutoCAD 2010 中经常利用图块属性来预定义文字的位置、内容或缺省值等。在插入图块时，输入不同的文字信息，可以使相同的图块表达不同的信息，如表面粗糙度就是利用图块属性设置的。

7.5.1 创建与应用图块属性

定义带有属性的图块时，需要作为图块的图形与标记图块属性的信息，将这两个部分进行属性的定义后，再定义为图块即可。

启用“定义属性”命令有两种方法。

- 菜单栏：【绘图】⇨【块】⇨【定义属性】。
- 输入命令：ATTDEF。

利用上述任意一种方法启用“定义属性”命令，弹出“属性定义”对话框，如图 7-31 所示，从中可以定义模式、属性标记、属性提示、属性值、插入点以及属性的文字选项等。

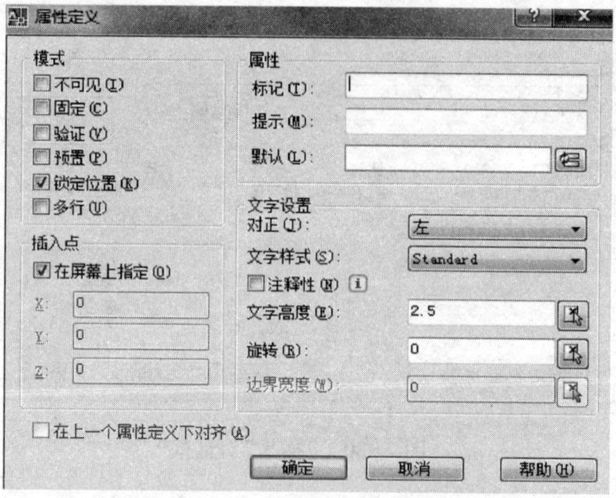

图 7-31 “属性定义”对话框

用 attdef 命令为图 7-32(a)所示汽车定义品牌和型号两个属性(其中型号为不可见属性)，然后将其定义成一个属性块并插入到当前图形中。其操作步骤如下：

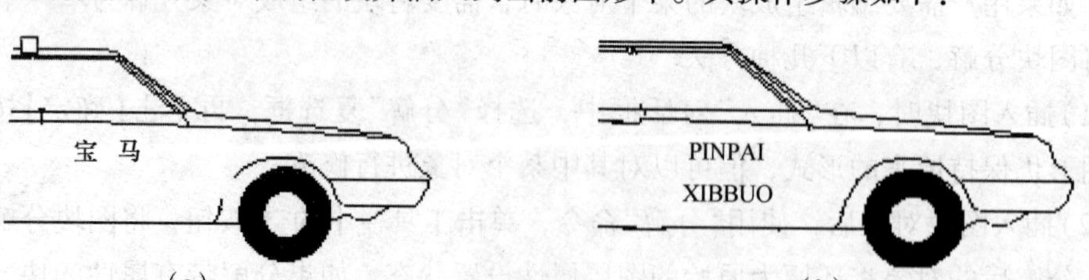

(a) (b)

图 7-32 定义成一个属性块并插入结果

命令：attdef↙

在名称框中输入“PINPAI”↙

在提示输入框中输入“请输入汽车品牌”↙

在属性标记中选择验证模式

单击“选择”按钮拾取属性的插入点

在文本字体框中输入已定义的字体 HT↙

单击“定义”或“定义并退出”按钮

命令：Ddattdef↙

在名称框中输入“XINGHAO”↙

在提示输入框中输入“请输入汽车型号”↙

在属性标记中选择隐藏模式和验证模式↙

单击“选择”按钮拾取属性的插入点

在文本字体框中输入已定义的字体 HT↙

单击“定义”或“定义并编辑”按钮

命令：Block↙

新块名称，或？列出存在的块：QC↙

新块插入点：在绘图区内拾取新块插入点

选取写块对象：指定包含两个属性在内的汽车实体

另一角点：指定汽车实体的另一角点↙

选择集中的对象：93↙

选取写块对象：↙

命令：Ddinsert↙

在弹出的插入图块对话框中选择插入 QC

图块并单击“插入”按钮↙

多个块/<块的插入点>：在绘图区拾取插入基点

角(C)/XYZ/X 比例因子<1.000000>：

Y 比例因子：<等于 X 比例(1.000000)>：↙

块的旋转角度：↙

请输入汽车品牌 <值>：宝马↙

请输入汽车型号 <值>：BM598↙

检查属性值

请输入汽车品牌 <宝 马>：↙

请输入汽车型号 <BM598>：↙

提示：属性在未定义成图块前，其属性标志只是文本文字，可用编辑文本的命令对其进行修改、编辑。只有当属性连同图形被定义成块后，属性才能按用户指定的值插入到图形中。当一个图形符号具有多个属性时，要先将其分别定义好后再将它们一起定义成块。属性块的调用命令与普通块的是一样的。只是调用属性块时提示要多一些。当插入的属性块被 Explode 命令分解后，其属性值将丢失而恢复成属性标志。因此用 Explode 命令对属性块进行分解要特别谨慎。

7.5.2 图块属性编辑

创建带有属性的块以后，用户可以对其属性进行编辑，如编辑属性标记、提示等，其操作步骤如下。

(1)直接双击带有属性的图块，弹出“增强属性编辑器”对话框。

(2)在【属性】选项卡中显示图块的属性，如标记、提示以及缺省值，此时用户可以在“值”数值框中修改图块属性的缺省值。

(3)单击【文字选项】选项卡，从中可以设置属性文字在图形中的显示方式，如文字样式、对正方式、文字高度、旋转角度等。

(4)单击【特性】选项卡，从中可以定义图块属性所在的图层以及线型、颜色、线宽等。

(5)设置完成后单击【应用】按钮，即可修改图块属性；若单击【确定】按钮，也可修改图块属性，并关闭对话框。

7.6 使用动态块

以前要定义各种规格的螺栓、螺钉、螺母、轴承等标准件，必须创建多个图块。在AutoCAD中，利用动态块功能，用户能够直接利用块夹点快速编辑块图形外观。

所谓动态块实际上就是定义了参数及其关联动作的块。它的主要特点有两个，一是一个动态块相当于集成了一组块，用户可以直接通过选择某个参数快速改变块的外观；二是用户可直接利用块夹点编辑块内容，而无需像编辑普通块那样，只有先炸开块，然后才能编辑其内容。在AutoCAD的工具选项板中，系统提供的块基本都是动态块。下面来看看几个动态块的特点。

(1)单击工具→选项板→工具选项板中“制造”选项卡中的六角螺母。

(2)输入“S”并按【Enter】键，接下来输入“2”并按【Enter】键将块放大2倍。

(3)在选定位置单击放置六角螺母。

(4)单击六角螺母动态块，此时将显示六角螺母的查询夹点，单击该夹点将打开六角螺母规格列表，从中可选择某个规格的六角螺母，如图7-33所示。

(5)再将工具选项板中的六角圆柱头立柱动态块拖入绘图区域，然后将其变为M14，螺栓长度为130。如图7-34所示。

习 题

1. 填空题

(1)CAD 2010中，可用(　　　)和(　　　)命令以对话框的形式来定义块。

(2) 如果某个图块是在(　　　)图层上定义的，当它被插入到图形文件时，图块保留原有的图层特性，也就是具有原有图层的颜色和线型，而不随当前图层的特性变化而变化。

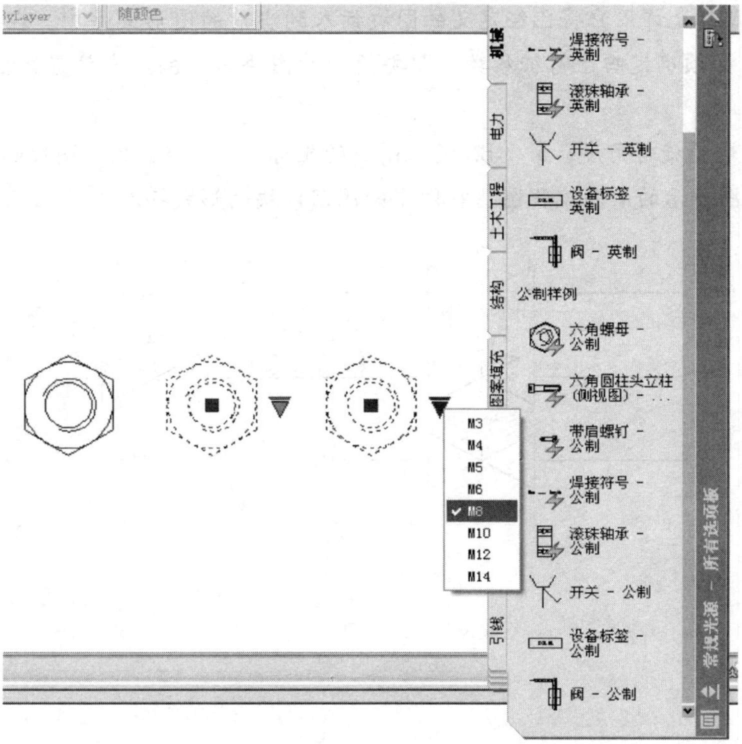

图7-33 使用动态块

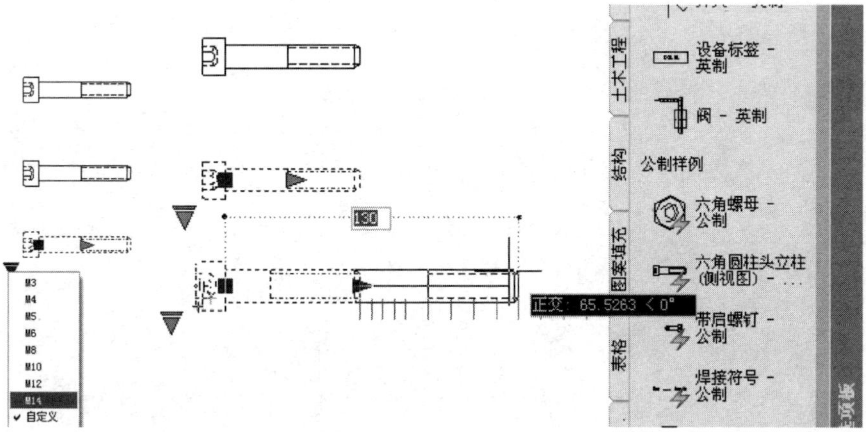

图7-34 编辑动态块

(3)用户可以利用图块插入功能绘制多个图块的图形，然后再将其定义为一个图块，这样该图块成为一个(　　　)图块。

2. 选择题

(1)要使插入的图块具有当前图层的特性，具有当前图层的颜色和线型，则需要在(　　　)层上生成该图块。

A. 非0　　　　B. 0　　　　C. 当前层

(2)CAD 2010 允许用户将已经定义的图块插入到当前的图形文件中。在插入图块(或文件)时，用户必须确定四组特征参数，即要插入的图块名、插入点位置、插入比例系数和(　　　)等。

A. 插入图块的旋转角度　　B. 插入图块的坐标　　C. 插入图块的大小

3. 绘制如图所示的简易流程图，将图中的阀门以块的形式插入。

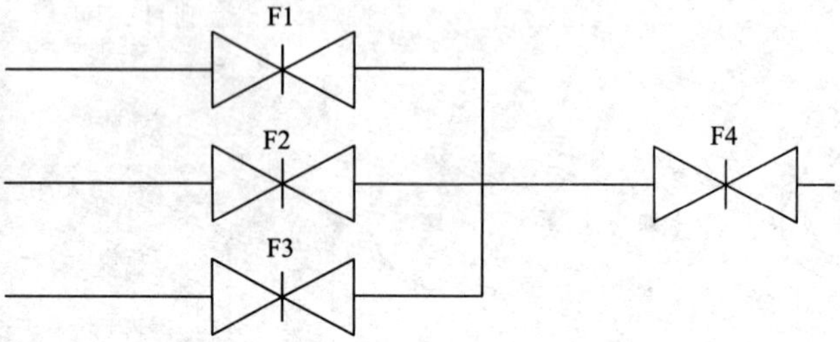

第 8 章　图 形 输 出

AutoCAD 的新版本提供了多种输出的方法，如“打印、输出、发布”等，可以通过点击“文件”按钮提示选择进行下一级的操作，但在实际工程应用中，主要的输出应用是图纸的打印及借助辅助软件向文档或其他文件的输出，下面对这两点作简要介绍，其他的输出方法读者可以自行参照提示操作。

8.1　CAD 图的打印输出

工程图样在大多数情况下需要打印出图为书面图纸，点击打印“”命令弹出如图 8-1 的打印窗口，操作步骤如下：

图 8-1　打印窗口

8.1.1　页面设置

点击如图 8-2 所示的页面设置小窗口，会弹出 <无>、<上一次打印><输入>三个选项，选择其中之一即可。

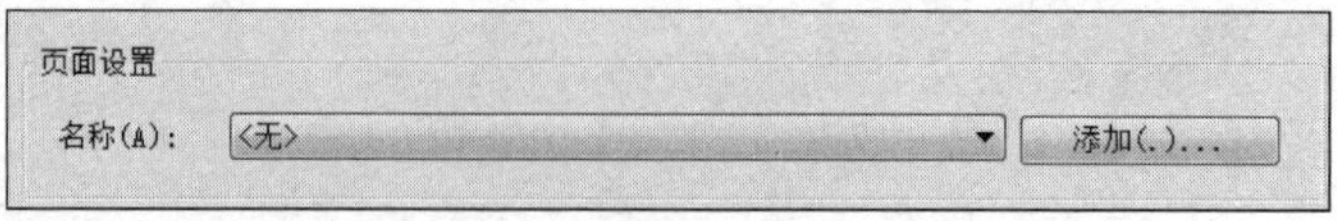

图8-2　页面设置窗口

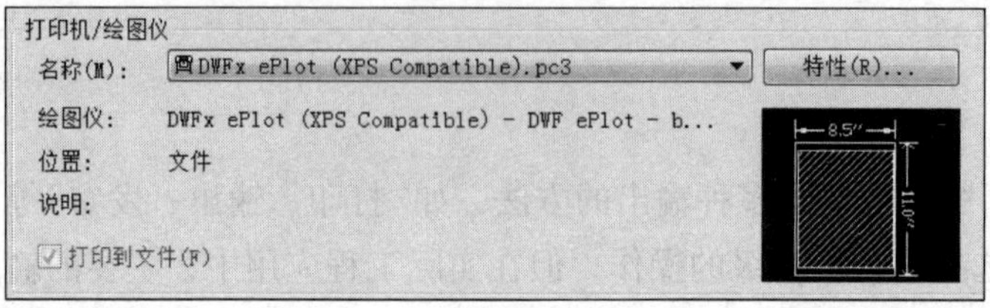

图8-3　打印机/绘图仪选择

8.1.2　打印机/绘图仪选择及特性修改

点击图8-3打印机/绘图仪选择项，在展开的打印机/绘图仪中选中安装的打印机，点击右侧的"特性"，弹出如图8-4所示的窗口，在此可以进行自定义图纸尺寸或调整标准图纸幅面的打印区域，并将其保存为打印页面设置文件。

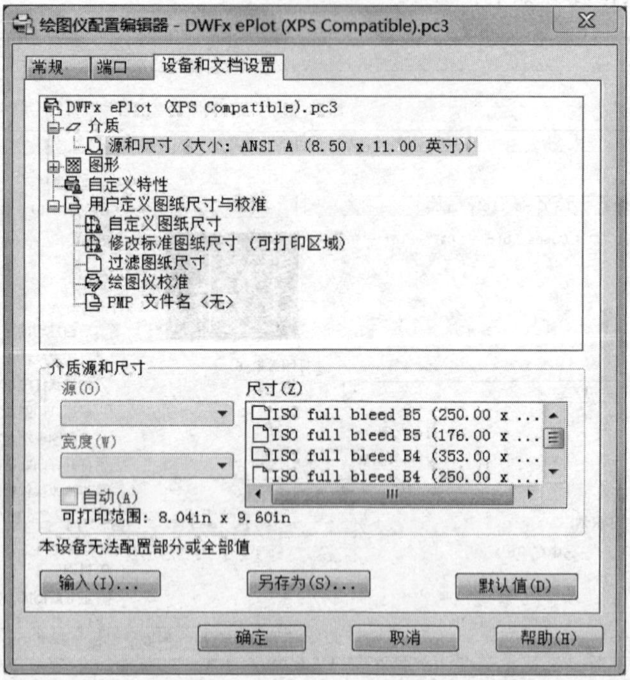

图8-4　打印机/绘图仪特性修改

8.1.3　图纸尺寸选项

如图8-5所示，选择所需图纸幅面即可。

图 8-5 图纸幅面选择

8.1.4 打印样式表的选择

如图 8-6(a)所示，这是很重要的一个选项，点击后一般选择 acad. ctb，见图 8-6(b)并点击右侧按钮，弹出如图 8-7 所示的笔形编辑器，对于一般的黑白打印机/绘图仪应将所有彩色线型颜色在右侧“颜色”窗口选择黑色，其他选择默认即可。否则黑白打印机/绘图仪将无法打印出彩色线型。

(a) (b)

图 8-6 打印样式表

图 8-7 打印样式表编辑器

8.1.5 打印区域及比例设置

在打印范围窗口，选择“窗口”后光标返回到绘图区域，选取所需打印范围即可，然后选择比例，预览查看打印的内容无误后，点击右键选择“打印”或“退出”，完成打印。如图 8-8 所示。

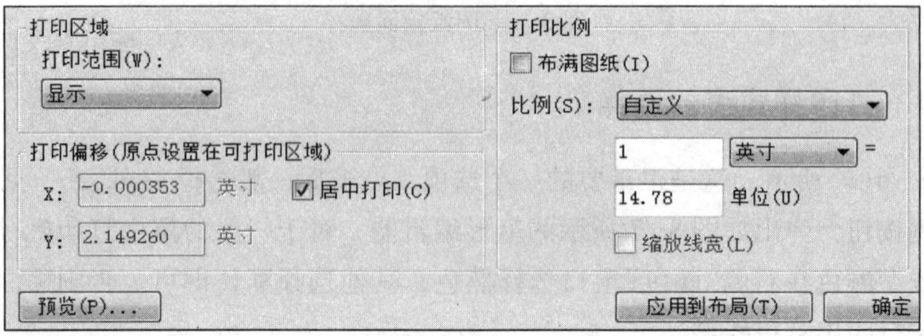

图 8-8　打印区域及比例

8.2　CAD 文件往 Word 文档等的输出

在工程设计报告、论文撰写等文档编辑中常常需要插入各种插图，利用 CAD 强大的绘图功能，绘制各种插图，将远比 Word 等自身所带的绘图工具方便，下面介绍利用辅助软件将 CAD 图形文件导入 Word 文档的方法。

8.2.1　辅助软件 WMFBetter

BetterWMF 软件是专业的将 AutoCAD 图形输出并插入到其他应用程序中的程序。

Better WMF 主要功能是将 AutoCAD 中的图形转变成 . WMF 格式的图形文件，以便被其他支持该种格式的程序所利用，它产生的 WMF 格式的图形文件，会自动裁剪图形的空白区域到对象的实际大小，改变 AutoCAD 图形的背景色为透明，可以指定线宽或根据颜色指定单个线条的宽度，预先准确调整图像的大小和指定图像的缩放比例等。

Better WMF 是一款共享软件，其下载与安装极其方便，只需在网上简单搜索并下载按照提示安装即可。

8.2.2　Better WMF 软件的使用方法

在 CAD 中完成自己设计的图形后，保持该设计图形在 CAD 中的打开状态，然后在桌面双击已经安装好的 BetterWMF 软件图标，启动 BetterWMF，如图8-9所示，然后在 CAD 中选中想要粘贴的所有图形，单击右键，选择“复制”，则会出现“剪切板中的图像已被 BetterWMF 修改”字样，如图 8-10 所示。

图 8-9　Better WMF 图标

转到 BetterWMF 应用程序界面，选中常规选项中的“移除 AutoCAD 背景颜色”和“按实体范围修剪 WMF 图像”；在线和文字中，选择全部修改为黑色，一般使用固定线宽 0.025 英寸或默认。然后选择剪贴板菜单中的“立即修改和替换”，单击“应用”；如图 8-11 所示。

启动 Word 文档，鼠标单击右键，选择粘贴；在 Word 中选中粘贴过来的图形，单击居中，这样就截好图到 Word 中了，如图 8-12 所示，完成图形的输出。

提示：在 BetterWMF 的设置界面，修改图线粗细时有时在粘贴后不一定符合预想的要求，此时只需改变设置的线条粗细即可。另外，复制(输出)到 Word 文档后，改变图形大小同时也会改变现实图线粗细，读者可多试验几次就能熟练地应用该软件的使用。

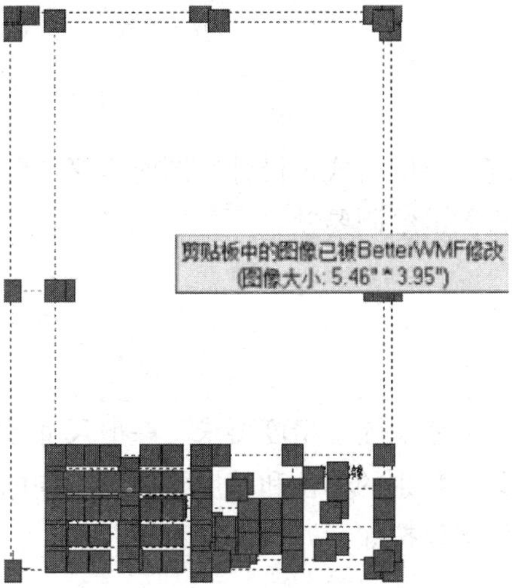

图 8-10　复制图形

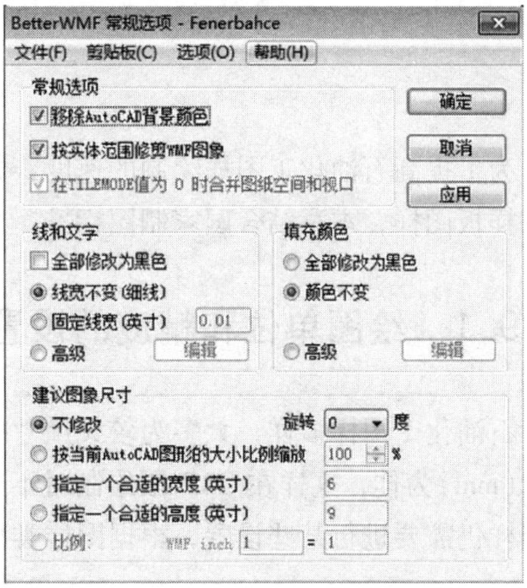

图 8-11　Better WMF 的设置

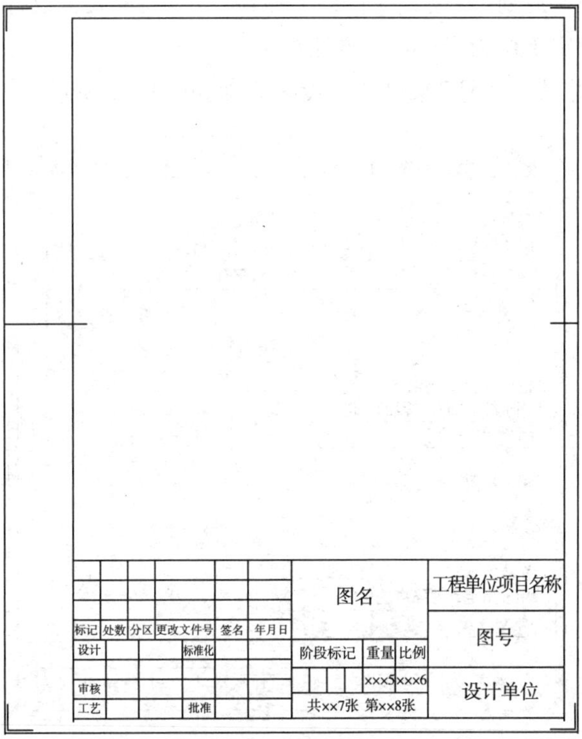

图 8-12　输出后的结果

第 9 章　石油化工图样绘图样板制作

为了提高石油化工图样绘制的速度，并规范统一绘图格式，设计绘图时有必要预先设计好样板图样，本章结合国家制图标准，介绍样板图的绘制要领。

9.1　绘图单位和精度的设置

石油化工图样多样，大多为较大尺寸的图样，但考虑施工精度要求，一般尺寸单位以毫米(mm)为佳，这样在 CAD 图绘制时不必另行设置特别的单位和精度。但对不同的类型的图样仍需要进行某些设置，根据图样类型，我们建议按如下方式设置为佳。

9.1.1　规划图、总平面布置图

石油化工设计中，规划图、总平面布置图的尺寸一般较大，设计布图时一般以米(m)为单位，因此可以设定单位为米(m)，方法如下：

通过菜单中的“格式→单位”来设置，设置界面如图 9-1 所示。

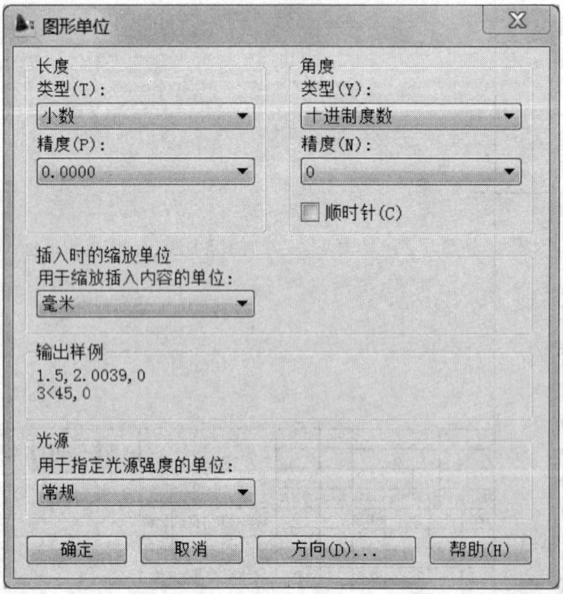

图 9-1　图形单位设置

由于以米为单位，考虑施工精度，一般长度尺寸精度设置为0.00，即保留2位。角度单位以惯例的十进制度，逆时针为宜。

9.1.2 工艺流程图、设备安装图、工艺管道安装图

1. 工艺流程图

工艺流程图是表达石油化工生产工艺流程的关键文件，它以专门的图形、符号、代号，表示工艺过程选用的化工设备、管路、附件和仪表等的排列及连接，表达在一个石油化工生产中物量和能量的变化过程。是设备、管道、仪表设计和装置布置专业的设计基础，也是操作运行及检修的指南。

从工艺流程图的目的来说，绘制时不需要精确的单位和精度，但仍需与实际流程基本对应的、合理的相对尺寸，需要有统一的图例符号。因此绘图单位建议用毫米(mm)，精度取整即可。

2. 设备安装图、工艺管道安装图

这两类图是具体指导施工安装的，因此采用的尺寸单位从安装精度考虑以毫米为佳，精度取整即可。如果采用其他的单位如米(m)，则必须保证做够的精度，否则将引起较大的误差，一般精确到毫米(0.000m)，并需要注明单位。

9.2 图幅尺寸和比例

关于图幅尺寸和比例，很多自学或初学CAD的设计绘图人员，有一个误区，他们的思路还是原先手工绘图中的概念，习惯于将图形尺寸根据出图的图幅按比例进行计算，这样的计算结果往往不够精确，标注的尺寸并不等于实际设计尺寸，需要在尺寸标注后进行尺寸数字的修改，增加很多的工作量，而且容易出现差错。

其实，在CAD绘图中，根本无需事先设定绘图比例，只需按1:1绘制即可，但这不是说没有比例，比例就是你打印到图纸上时的打印比例。那么，图幅大小又该如何确定呢？如果你确定的出图幅面为A3，在CAD中你可以先把A3幅面放大前述的打印比例倍数即可，当然这个比例值还是要符合国标规定的允许值。下面以A3幅面出图，1:50的比例为例说明。

如图9-2所示打开A3图，在此图幅内可绘制的最大图形约为390×230(扣除边距和标题栏)，若需绘制的图形尺寸在19500×11500内，则可先将此A3幅面图框放大50倍，则所绘图形只需按1:1绘制，然后打印出图时选择按1:50打印即可得到A3幅面图样，当然标题栏中填写的比例为1:50。

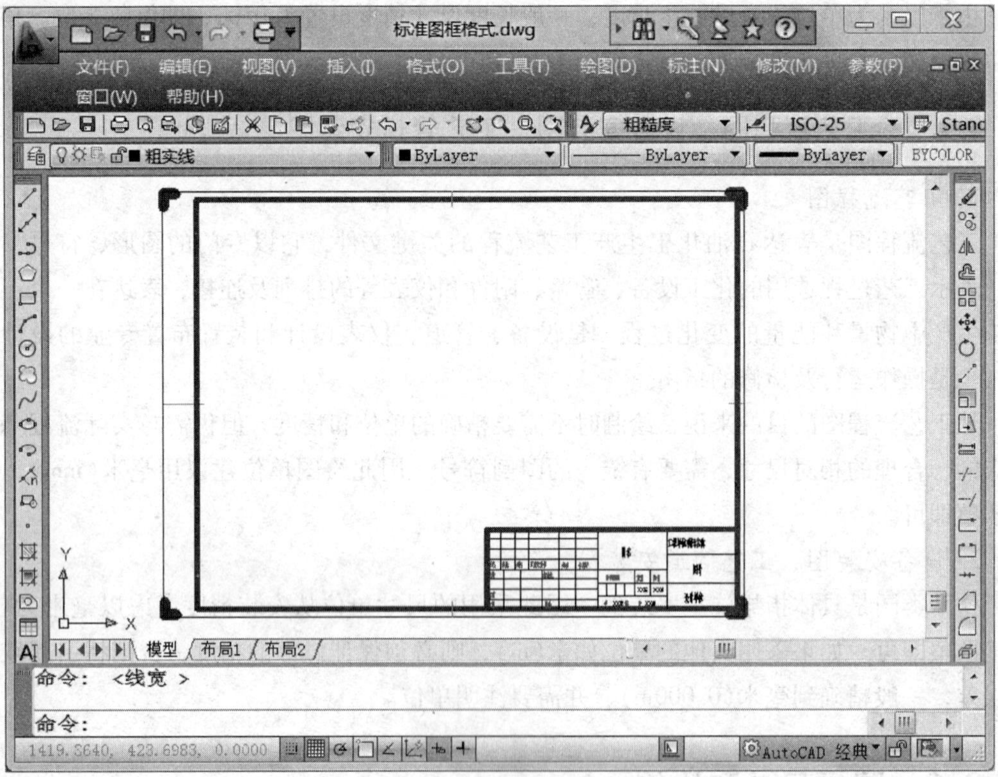

图 9-2　比例设置

9.3　图层的设置

CAD 的图层设置是一种很科学有效的绘图环境设置，相当于手工绘图的各类绘图笔。在工程图样绘制时，要注意以下几点：①做到一个图层，一种颜色，一种线型，这相当于手工绘图用不同粗细的笔绘不同的图线。这样的设置可以避免图层混乱，在进行编辑修改时便于进行关闭、冻结、锁定等操作，应避免一个图层多种颜色、多种线型或一种颜色多个图层的现象；②图层颜色必须符合国家标准的规定，便于交流与修改；③文字注写及尺寸标注一般以用 0 层即可，不必单独设置，且以白色(黑色)为佳，尽可能不要用彩色，以免看错。④图层名称的设置尽可能有规律可循，建议用中文名称，方便交流。图层常见线型应用见表 9-1。

表 9-1　常用图层设置

图层名称	线　型	颜色	线宽	应　用
粗实线	————————	白色	0.4～0.6	设备轮廓线、工艺图管线等
细点划线	—— - —— -	红色	默认	对称线、中心线等
细实线	————————	绿色	默认	表格线、尺寸线、尺寸界线、文字注写等

续表

图层名称	线　型	颜色	线宽	应　用
虚　线		黄色	0.25	不可见轮廓线、埋地管线等
双折线		绿色	默认	断裂处的边界线
波浪线		绿色	默认	视图和剖视图的分解线、断裂处的边界线
双点划线		粉色	默认	相邻设备轮廓线、极限位置轮廓线等

9.4 文字的设置与尺寸标注样式的设置

9.4.1 文字样式的设置

按照工程图样绘制标准，图样中的文字采用长仿宋体，但标准长仿宋体及其他的标准汉字体在绘图仪上打印(主要是硫酸纸上)时往往由于笔画较粗导致着墨较深，稍不小心就有可能使得图样模糊，为此建议优先采用“工程字体”，目前 CAD 的“工程字体”有很多种，笔者推荐大家使用两种工程字体：hztxt. shx 和 hxdx. shx，如果你的电脑上安装的 CAD 软件版本中没有这两种字体，只需将这两种字体文件拷贝到 CAD 安装目录下的“Fonts”文件夹中，并重新启动 CAD 即可。字体的宽高比例建议以 2/3 为宜，当然在表格中可以根据表格宽度进行适度调整。

9.4.2 尺寸标注样式的设置

石油化工工程图样中需要标注尺寸的图样主要有(总)平面布置图、设备安装图、工艺管道安装图等，由于这些图的表达内容不同，尺寸差异也较大，因此，在标注尺寸时需要合理设置标注样式。

1. (总)平面布置图

平面布置图是石油化工工程的总体规划图，主要表达整个工程的整体布置，如不同区域的相对位置、安全距离等。总体尺寸较大，因此尺寸标注格式应该注意以下几方面：

(1)单位以米为佳，一般保留小数点 2 位；

(2)尺寸数字高度以最终打印出图时为 2.5 ~ 4mm 较好，因此设置尺寸数字的高度应等于(2.5 ~ 4mm) × 图样比例，如图样比例为 1∶50，则尺寸数字高度可以设为125 ~ 200mm；

(3)尺寸箭头的设置以 45°的建筑标记为佳，大小设置类似于尺寸数字的设置。

2. 设备安装图、工艺管道安装图

这两类图样需要标注详细的尺寸，以指导加工、安装，因此其标注的尺寸一般以毫米为单位，取整即可，尺寸数字格式的设置与平面布置图类似，但箭头样式还是以普通箭头为佳。

9.5 图框、标题栏和样板文件

9.5.1 图框及格式

为了便于统一管理和使用，制图国家标准对图幅大小及样式进行了统一，图9-3是常见的图框格式，标准图幅大小见表9-2。

表9-2 常见图幅规格 mm

图幅代号	A0	A1	A2	A3	A4
标准规格	841×1189	594×841	420×594	297×420	210×297
装订边距	25				
页边距 C	10			5	

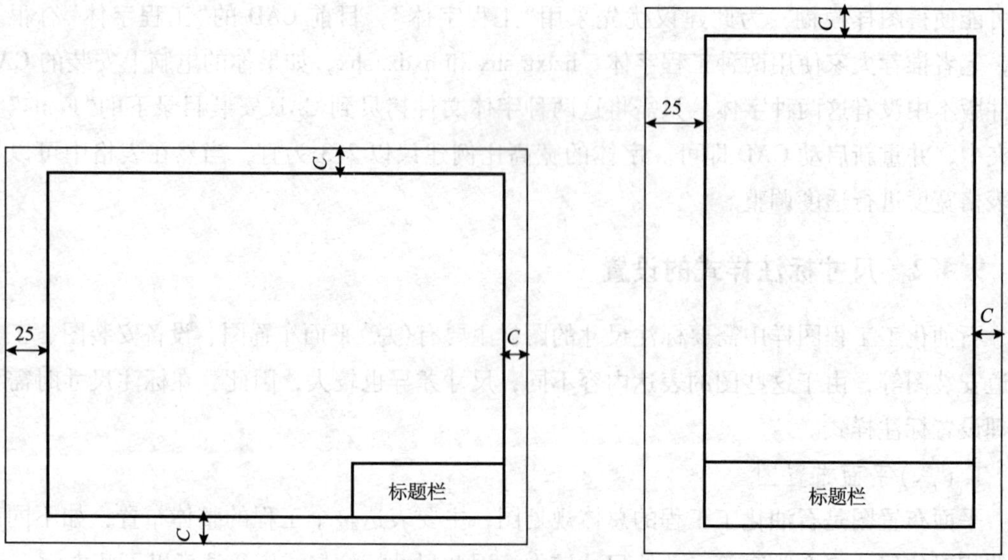

图9-3 标准图框格式

实际使用中如有需要可以加长图纸长边，加长量一般为原长的1/2。工程图样中使用的图框样式除了在尺寸上符合标准图框格式外，往往还需要增加其他的图样参数，如图纸编号、经纬区域代码等。

9.5.2 标题栏设置

标题栏是工程图样的重要内容之一，制图国家标准并未对其格式进行明确规定，目前在石油化工工程设计中采用的标题栏格式建议如图9-4所示。

图样中的明细栏也应该与标题栏先适应，其格式如图9-5所示。

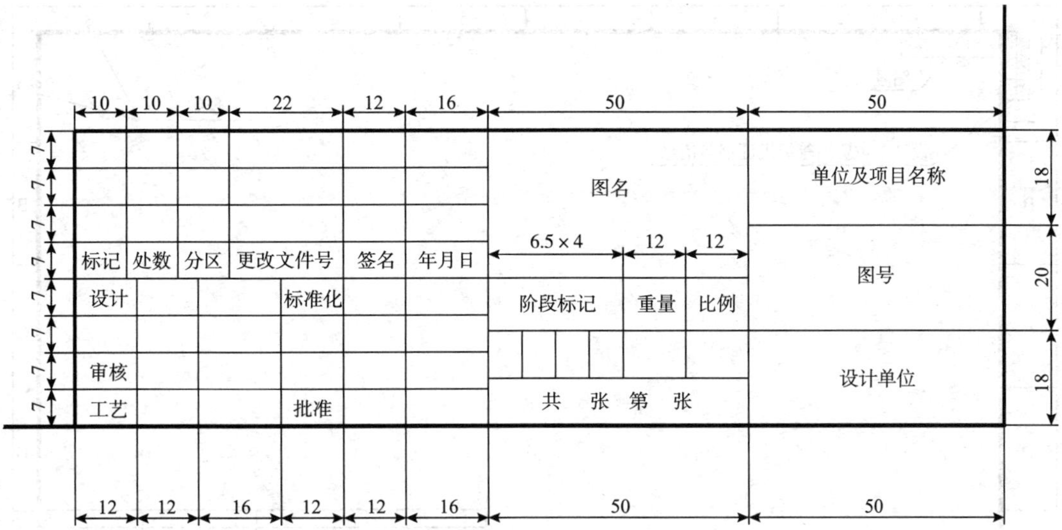

图9-4 标题栏格式

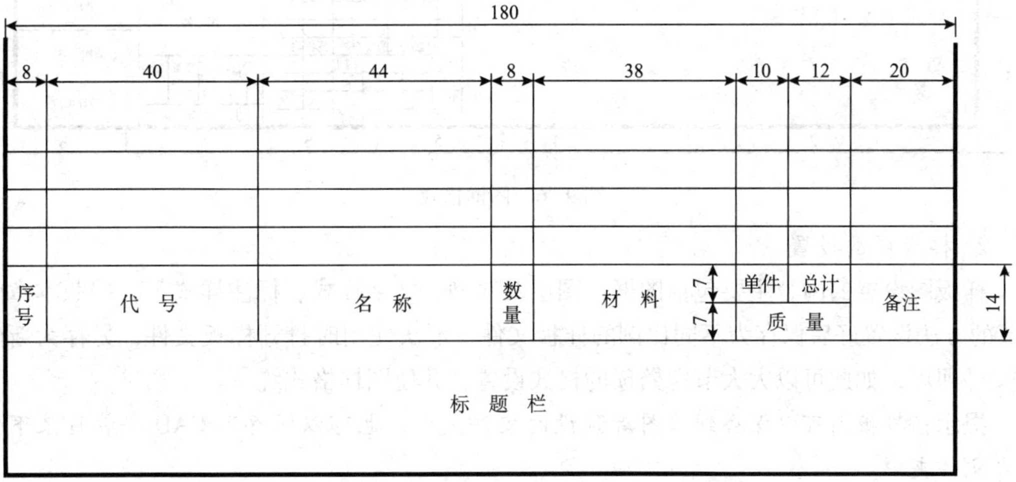

图9-5 明细栏

9.5.3 样板文件的设置

利用CAD进行工程图样绘制时，如果每次均要设置图层(线型)、文字样式、尺寸标注样式等，不但工作量大，而且有可能图样格式不统一，为了避免这种现象，设置样板文件时一种有效的方法。

1. 样板图图框

工程设计中的图框样式一般如图9-6所示，幅面符合表9-2所列，左上角的图号与标题栏内图号一样，但字体倒置，方便图纸折叠装订后查阅。图框的大小与比例匹配，如打印出图比例是1：50，只需将标准图幅大小的图框放大50倍即可，余类推。

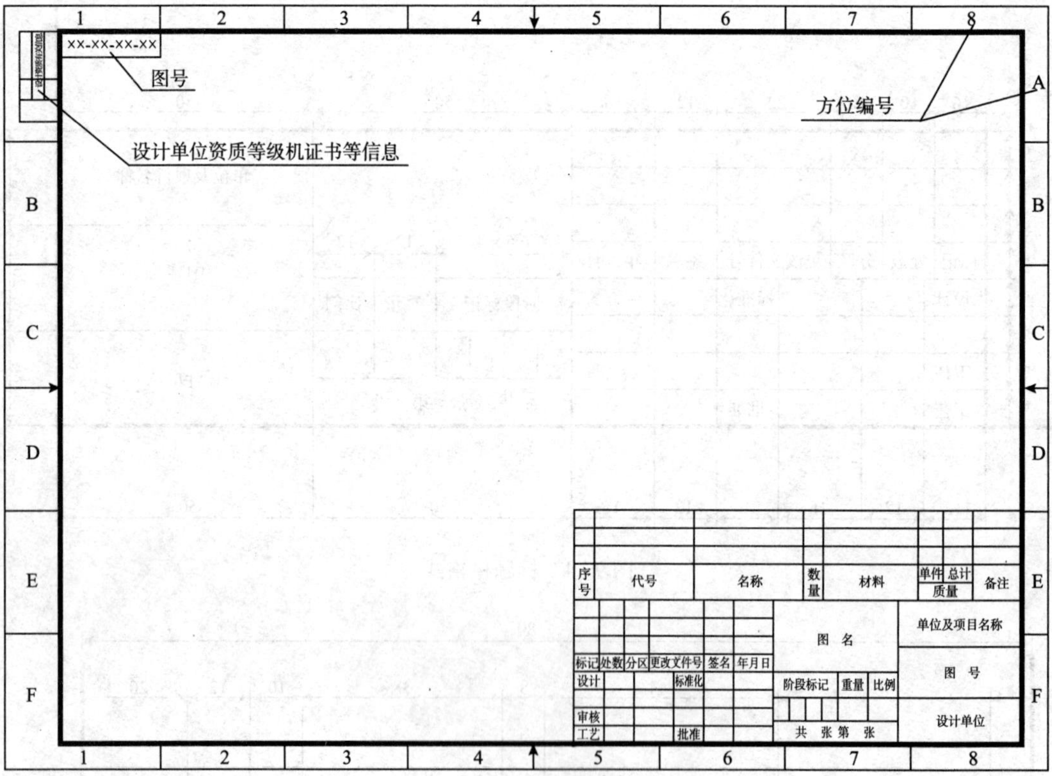

图 9-6 图框格式

2. 样板图的设置

样板图设置的内容主要包括图框、图层及线型、文字样式、标注样式等，按照本章前 3 节的方法设置好后保存为不同比例的样板文件，下次使用时打开样板文件，另存为新建的文件即可，如此可以大大节省繁琐的格式设置，并使图样格式统一。

提示：样板图可以保存到作图者预设的文件夹中，也可以保存到 CAD 安装目录下的样本文件夹中。

第 10 章　石油化工图样绘制

根据石油化工工程施工的需要，图样一般分初步设计阶段和施工设计阶段的各种专业图样，详细图样主要包括总平面布置图、工艺流程图、设备布置图、管道布置及安装图、设备装配图以及建安、消防设计图等。本章对主要专业图的绘制作简要介绍。

10.1　石油化工总平面布置图的绘制

石油化工工程项目的前期阶段设计首先是总体规划设计，这种设计通过总平面布置图来表达项目在预定区位(用地红线范围内)的基本布置，项目整体布局规划等，图 10-1 是某石油库的总平面布置图。

10.1.1　总平面布置图的表达内容

总平面布置图应划出整个项目的全部内容，这些内容以各个区间的形式出现在图中，如原料及成品或中间产品储存区、生产作业区(车间)、辅助作业区(消防设施、变配电间、机修间、数质量检验室、污水处理设施等)、行政管理区(中控室、办公室、车库、宿舍、食堂等)。这些部分的设计布置应符合相关的规范要求，如各部分之间或与周边设施之间的安全距离要求、消防要求、功能区块的布置要求等，必须通盘考虑，在符合规范的要求下，尽可能地节约用地，方便工艺布置。

10.1.2　总平面布置图的绘制

总平面图的绘制其实也是辅助设计的过程，根据初步设计方案，可以先确定各个组成区域的基本尺寸，大致位置，然后在布置范围内从某一点出发开始布置，这个过程不仅仅是简单的绘图，而是可以利用 CAD 的辅助设计功能如查询工具。下面以一小型油库的总平面设计绘制为例简单说明。

图 10-1 为业主单位提供的地形图，根据业主要求及初步设计，拟在该地形图红线范围内建造不大于 100000m^3 容量的油库(二级油库)，拟布置若干个 10000m^3、5000m^3、2000m^3 及 1000m^3 的拱顶油罐(柴油、燃料油)。从节省土地面积的角度出发，在满足石油库设计规范的前提下，从图中右侧山体开始布罐，经过反复推敲，布置了 6 个 10000m^3 的储罐，4 个 5000m^3 的储罐，2 个 3000m^3 和 2000m^3 及 4 个 1000m^3 的储罐，共设置 2 个罐区，罐区之间设消防道路。在此设计中，根据罐间距、罐与山体的安全距离要求，利用了 CAD 绘图的辅助设计功能，合理布罐，充分利用了红线范围用地，尽量做到少浪费土地资源，所以罐区的布置并不是“横平竖直”简单布置。在布置过程中通过查询罐区面积，可以推算防火堤的高度。在完成罐区布置后，再开始布置油库其他的设施。图 10-2 为初步的平面设计图。

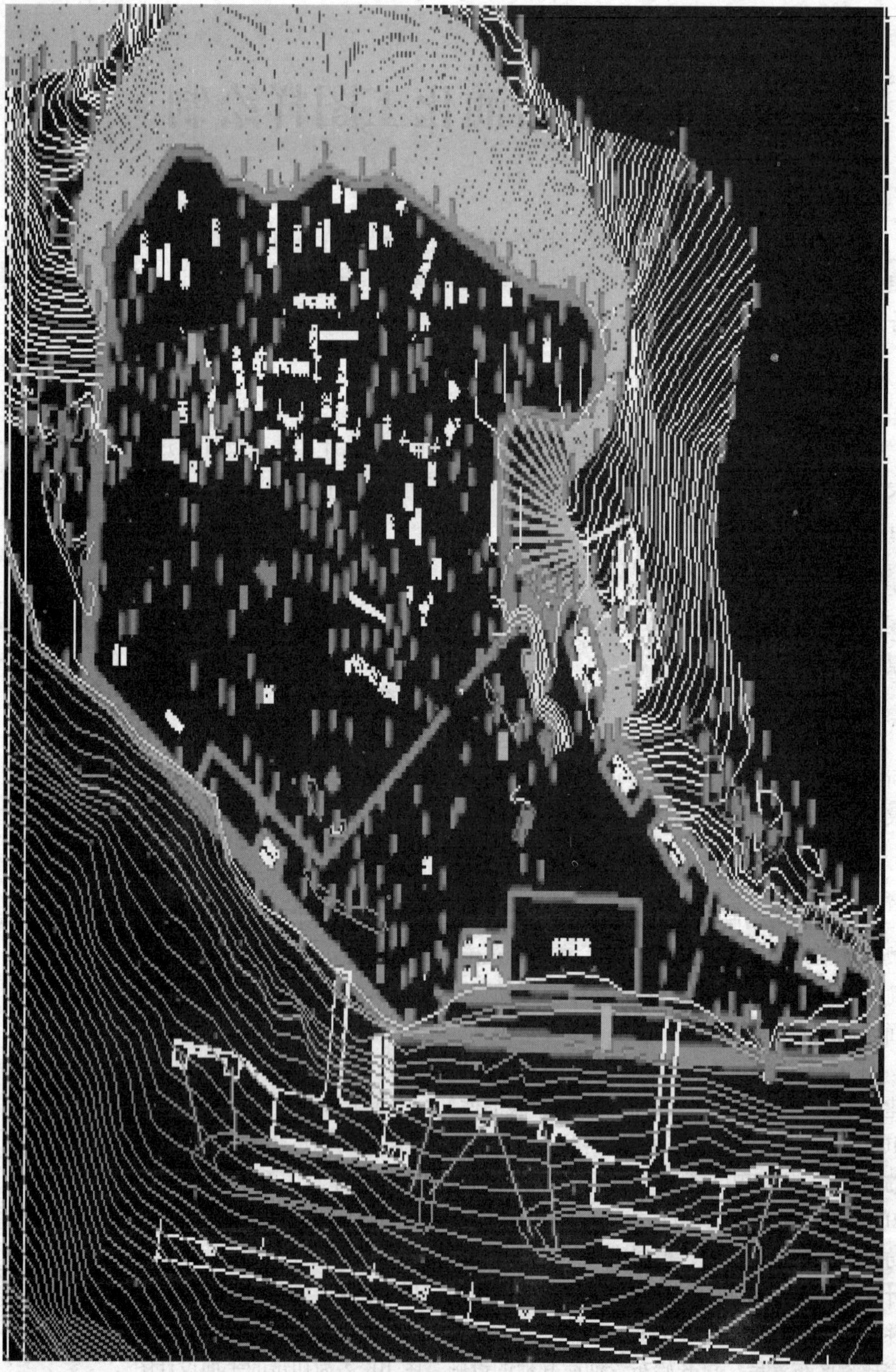

图10-1 地形图

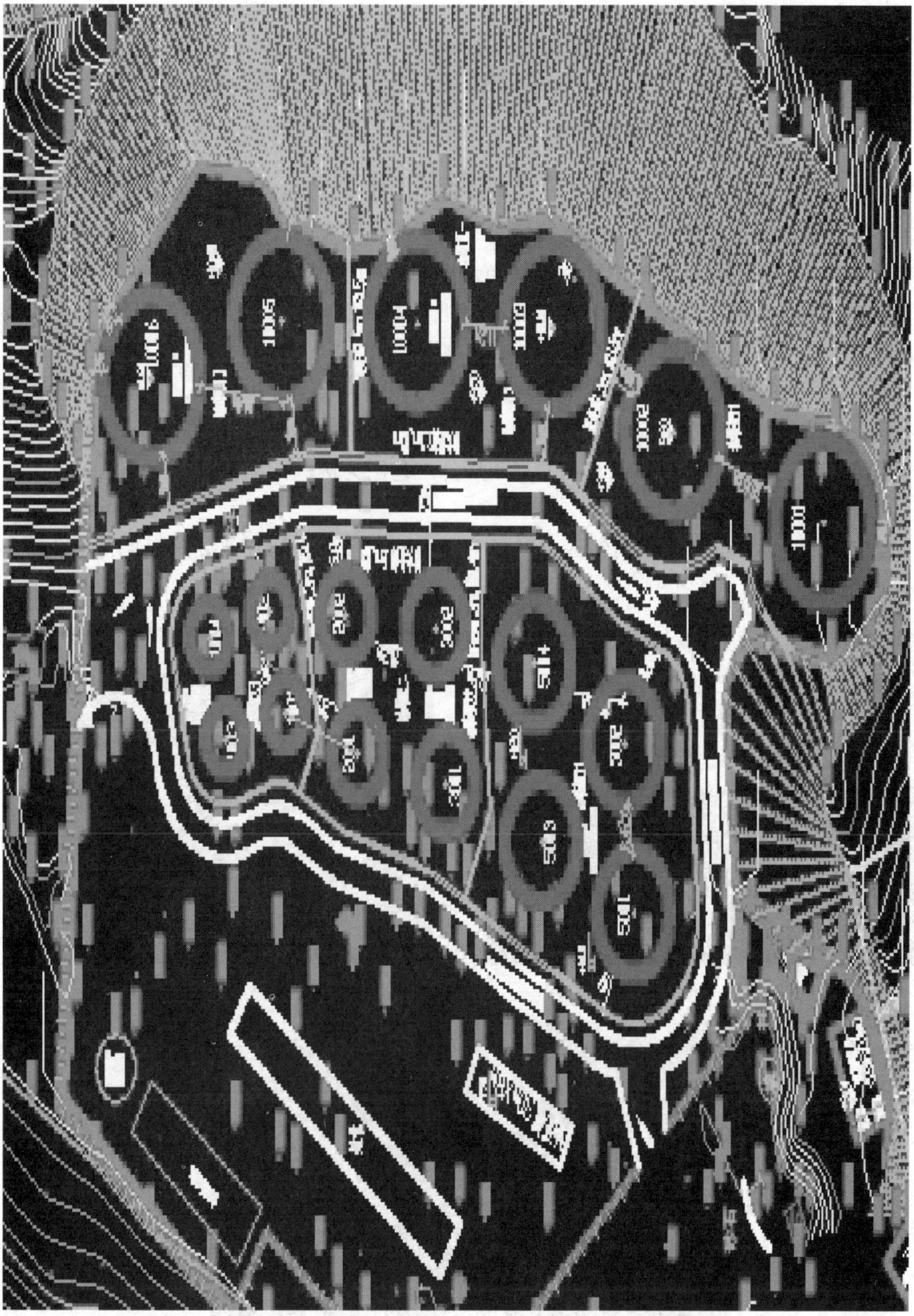

图10-2 平面设计图

10.2 石油化工工艺图的绘制

10.2.1 工艺流程图表达内容

工艺流程图表达的是石油化工生产工艺流程的图样，它以各种规定的图例表示工艺设备、附件，石油库工艺流程图一般不按比例绘出，但各区域内设备方位、走向尽可能与实际情况一致，与总平面布置图相符，以便与总图联系和取得比较形象的效果。有关设备、附件绘制的基本要求、画法、图例等见相关专业教材，这里以实例介绍如何用CAD来绘制石油库中各个部位的局部工艺流程图。

工艺流程图一般分为总体工艺图和局部工艺流程图，绘制方法相似，只是其表达的重点不同。局部工艺流程图中应突出表达的主要内容，图例内容的比例可以有所区别，即主要部分可适当放大，下面分别以常见的三个局部工艺图为例进行说明。

1. 铁路卸油局部工艺

铁路卸油重在“卸油”，图10-3是从鹤管经集油管到泵房的三部分的图片，据此绘制其流程图。

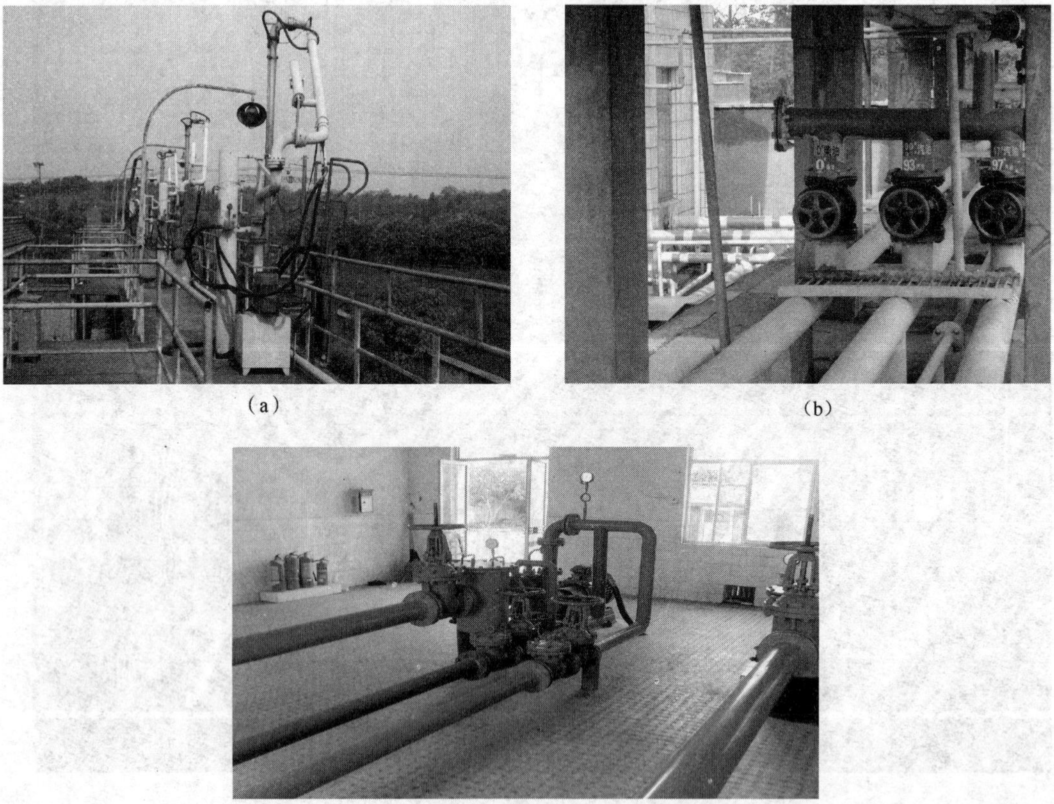

(a) (b) (c)

图10-3 轻油卸油工艺照片

(1)以图10-3(a)所示的槽罐开始，从潜油泵经鹤管到集油管，绘出局部图如图10-4所示。

(2)绘制集油管和真空扫舱系统，如图10-5所示。

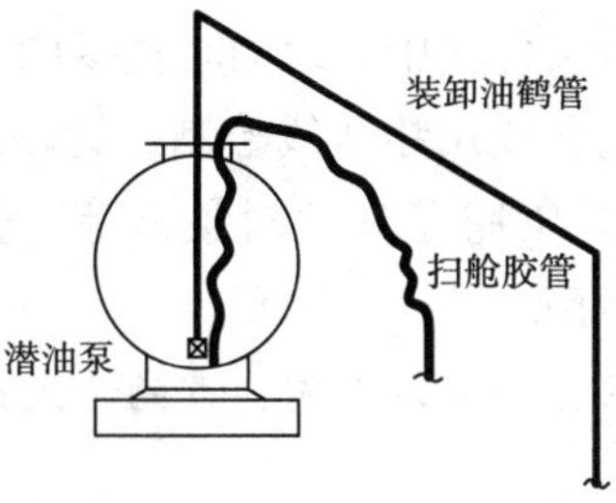

图10-4　鹤管及扫舱管

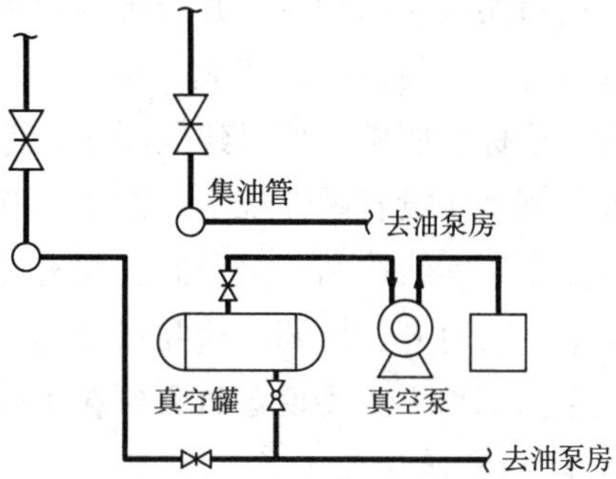

图10-5　集油管及真空系统

(3)绘制泵房工艺，如图10-6所示。

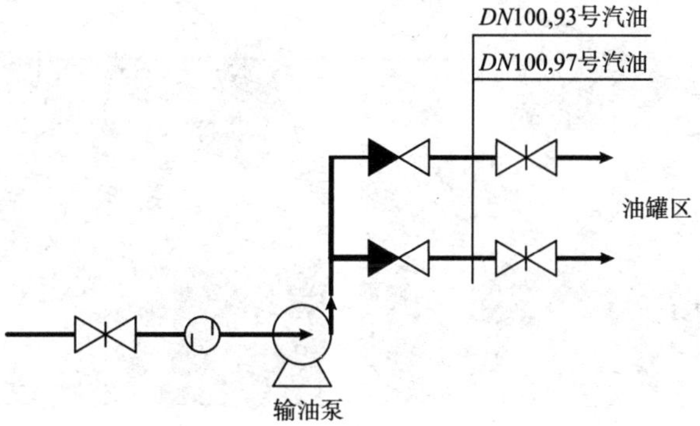

图10-6　泵房工艺流程图

(4)组合完成整个工艺流程图，如图10-7所示。

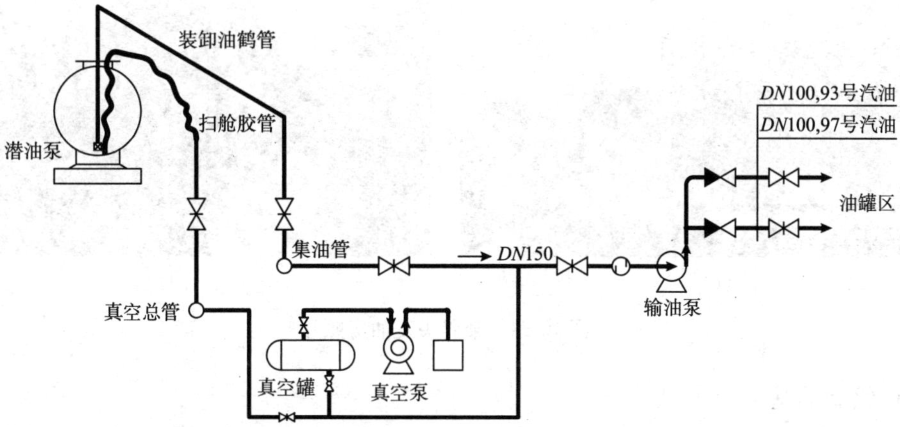

图10-7　铁路卸油工艺图

绘制过程中应注意以下几点：

①插入或绘制图中各个设备的图例，图例大小符合图幅规格，必要时可以缩放以与图幅相适应；

②用粗实线绘制管线，其长短及间距与图例相匹配；

③组合图例与管线，完成图样。

④对于标准图例，可以建立图库，保存在自己的电脑文件夹中，绘图时直接调用。

⑤图例大小没有硬性规定，但要注意比例协调；工艺管线用粗实线绘制，管路附件及设备一律用细实线绘制；组合时，要充分利用 CAD 的“对象捕捉”、“对象追踪”等工具，以使上下左右对齐、协调。这几点在其他工艺图中同样适用。

提示：在图中主要设备的文字在实际图上可以不注写，一般以图例列表的方式说明。

2. 码头发油局部工艺

码头发油局部工艺相对简单，一般由泵、过滤器、球阀、流量计等设备组成，图10-8是某码头发油房的照片。

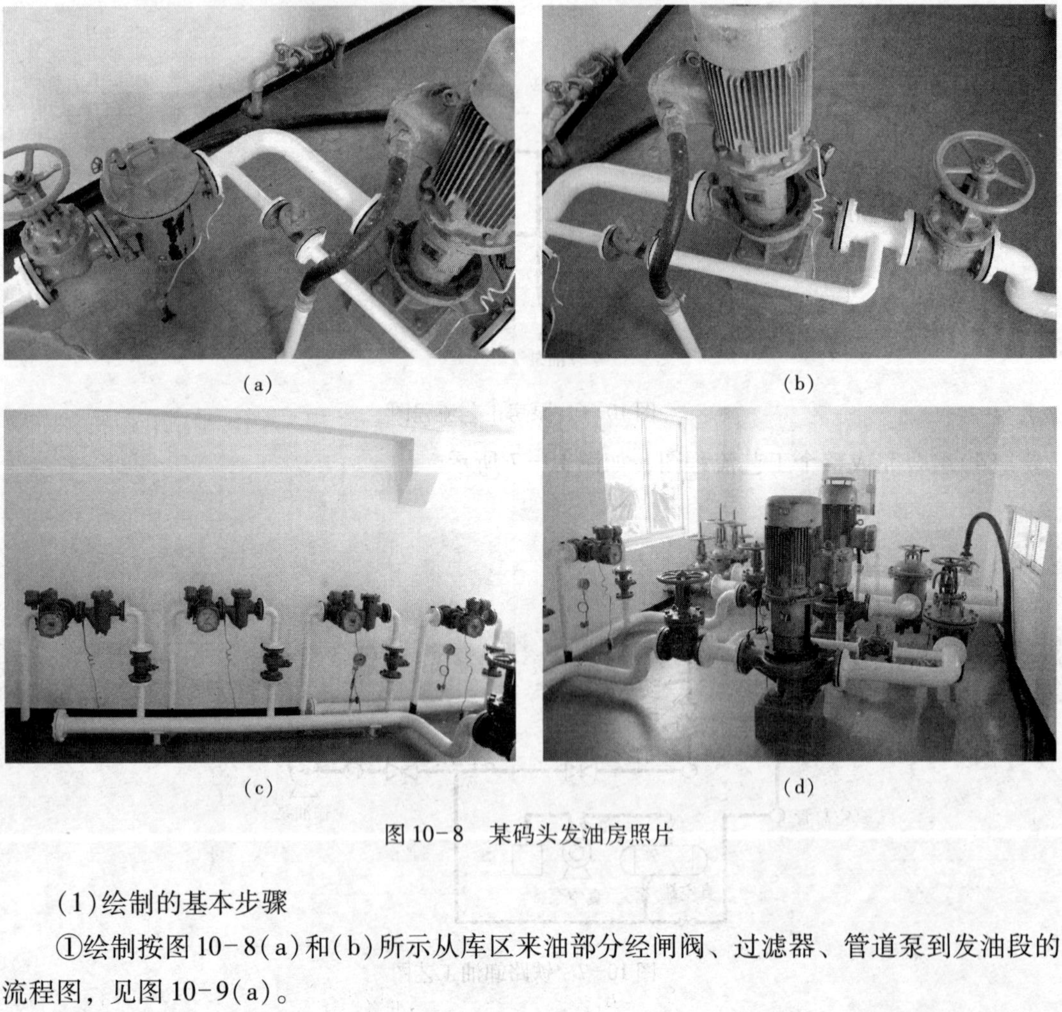

(a) (b) (c) (d)

图 10-8　某码头发油房照片

(1)绘制的基本步骤

①绘制按图 10-8(a)和(b)所示从库区来油部分经闸阀、过滤器、管道泵到发油段的流程图，见图 10-9(a)。

②再绘制如图 10-9(b)所示经泵到计量部分。

③上述两部分合并后的结果见图 10-9(c)。

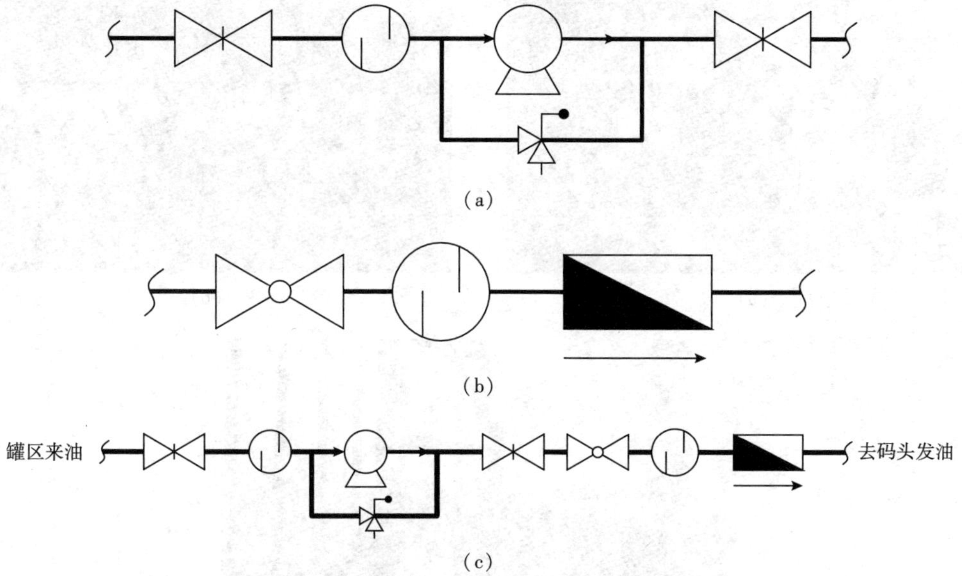

图 10-9 码头发油泵房工艺流程图

(2)绘制注意事项

①根据图片显示实际安装的管件设备，从图库插入闸阀、过滤器、流量计、球阀等图例;

②将各管件用粗实线相连绘制出如图 10-9(c)所示的工艺流程图。

3. 公路发油工艺

公路发油即以发油台的方式进行，管路附件中一般带有电液阀，其他附件大体与前述类似。图 10-10 是某公路发油台的实景图片，属于目前较常见的下装发油，其罐区来油经由 2 根输油管线，可以进行 2 种油品的切换发油，经由闸阀、过滤器、管道泵、止回阀、过滤器、电液阀、流量计到发油接口，泵的进出口端有带安全阀旁通回路。其工艺流程图的绘制方法与前述类似，只需将上述设备图例依照流程顺序用管线相连即可，图 10-11 为其工艺流程图。

上述例子发油采用的是下装式发油，图 10-12 是传统鹤管发油的发油台，其工艺流程与下装式发油类似，大家可以自行练习。

4. 中转泵站工艺流程图

图 10-13 是某油库中转泵站的一部分，图中以管道泵配合罐区管道实现油品的中转，绘制的工艺流程图如图 10-14 所示，方法同前。

提示：上述局部工艺流程图绘制实例中并没有加注有关标注及标题栏、明细表、说明等完整图样的内容，实际设计中的图样应该包括这些内容，这里仅仅介绍图形的画法。

(a) (b)

(c)

图 10-10 某油库发油台

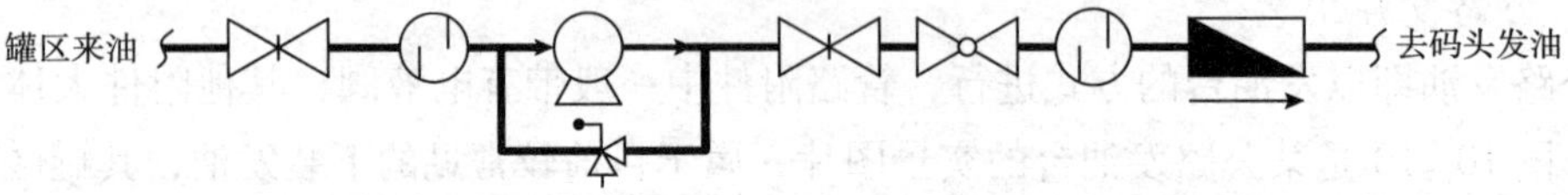

图 10-11 发油台工艺流程图

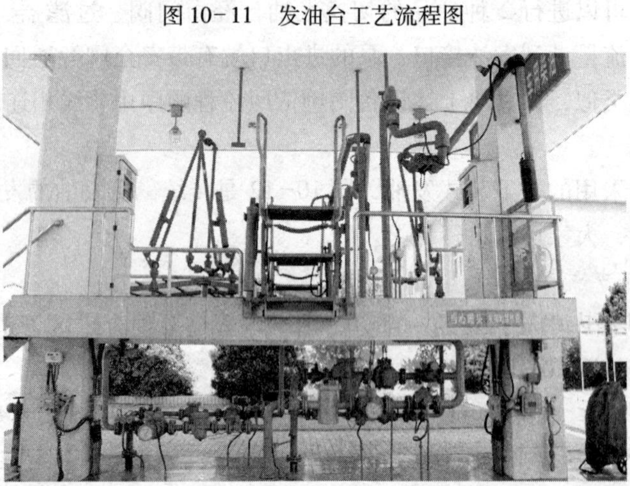

图 10-12 鹤管发油的发油台

图 10-13　某油库中转泵站

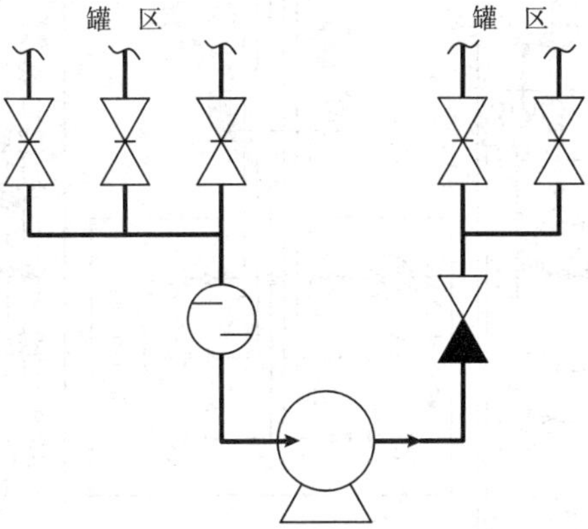

图 10-14　某油库中转泵站工艺流程图

10.2.2　油库总工艺流程图绘制简介

油库总工艺流程图是表达整个油库的工艺流程，绘制时大体按油库平面布置方位，以图例及管线表达，绘制时需注意管线的走向、图例与整图的比例、管线与设备的间距、交错管线的“横连竖断”。绘制的基本方法与局部工艺流程图相似，这里不再赘述，图 10-15 是某油库总工艺流程图，请读者自行参考局部工艺流程图的绘制。

10.2.3　工艺流程图的绘制

化工工艺流程图一般包括工艺流程 PID 图和 PFD 图，图 10-16 是某化工设计中的一小段工艺流程 PID 图，其绘制方法类似于前述工艺流程图，不过化工仪表图例一般有行业规范(标准)，只要其图例按照相关规范标准绘制即可，读者可自行练习。

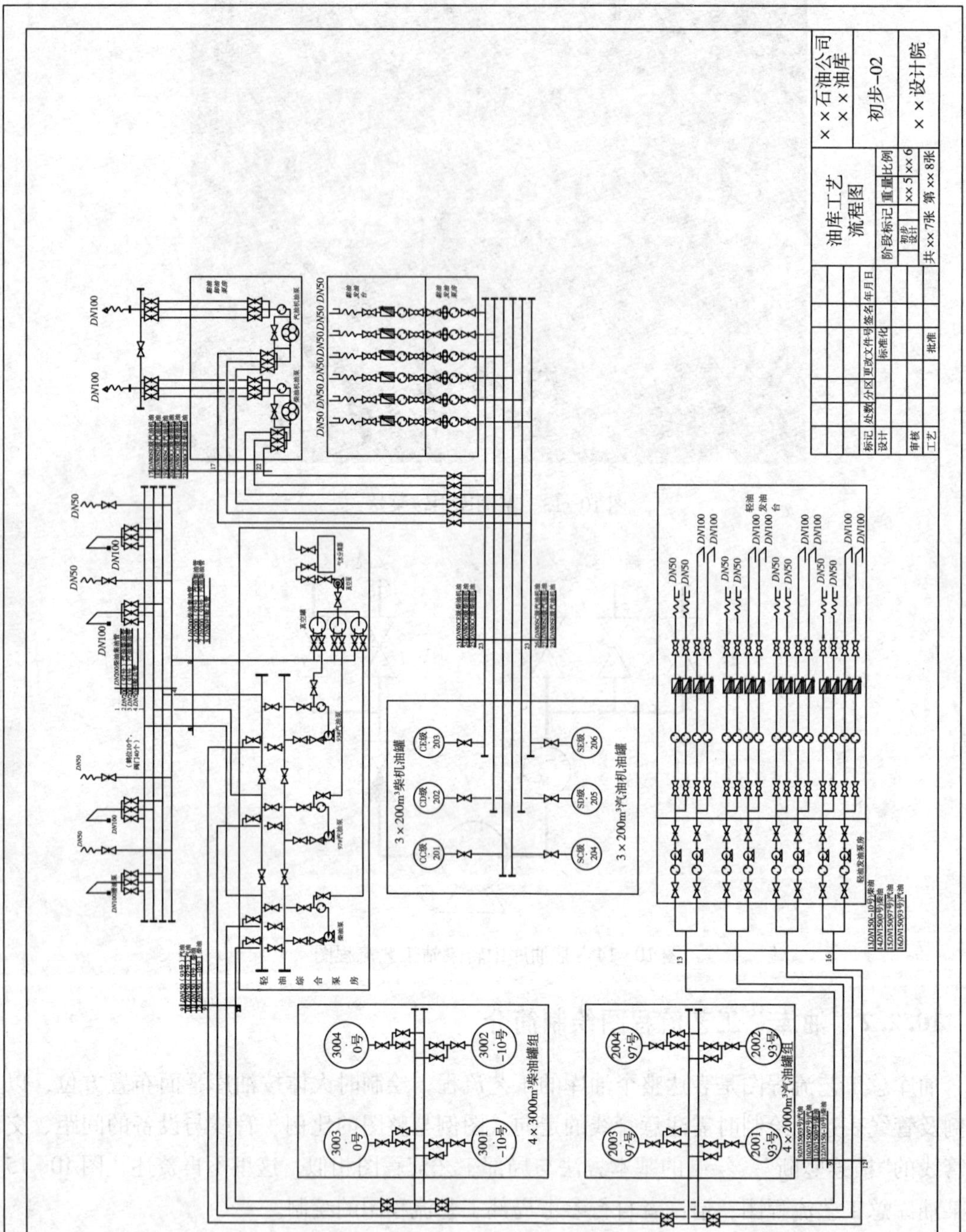

图10-15 某油库工艺流程图

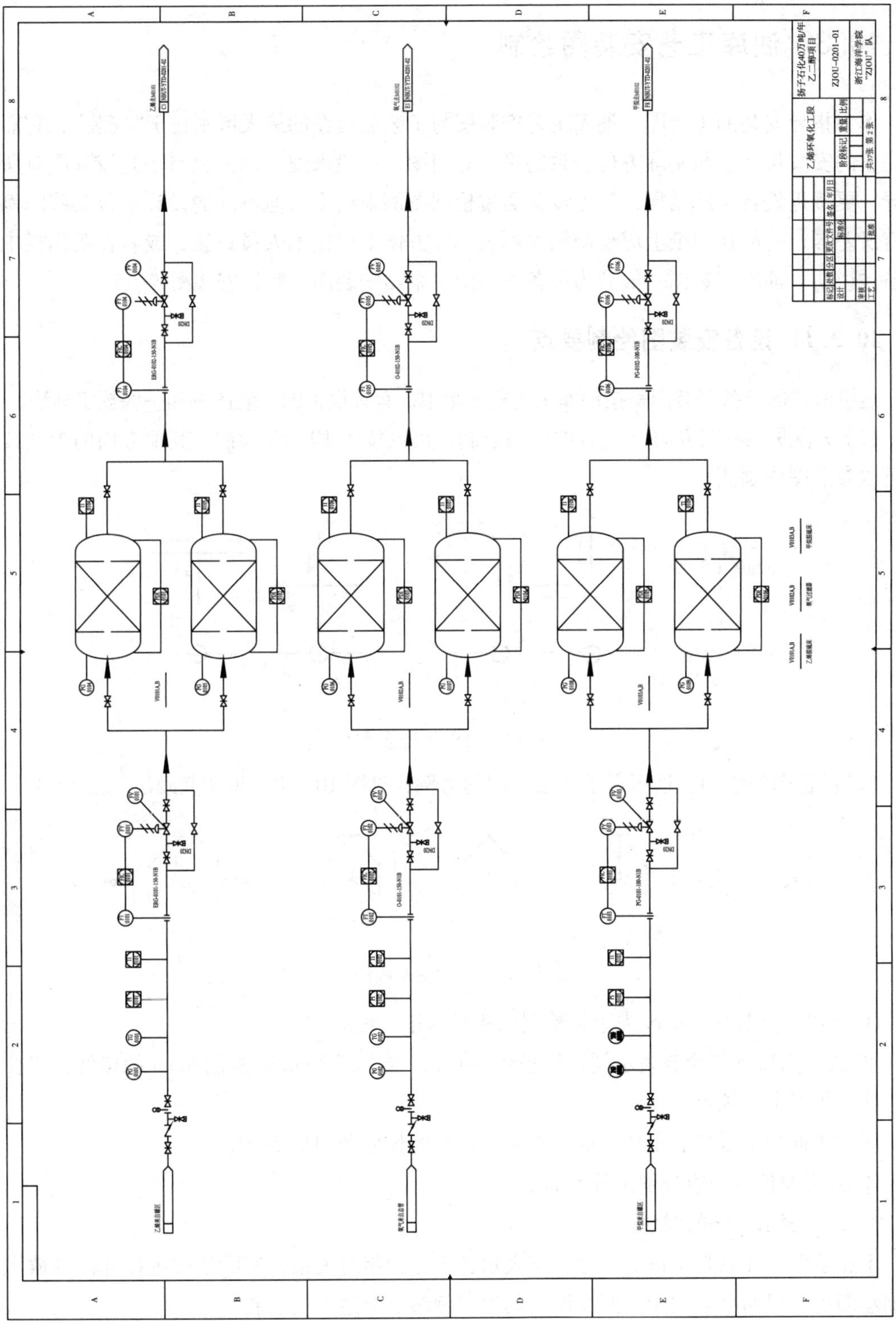

图10-16 某化工设计项目工艺流程PID图

10.3 油库工艺安装图绘制

作为指导安装的工程图，油库工艺安装图与工艺流程图的最大区别在于“安装”，它需要完整的安装尺寸、与实际方位一致的平、立面图，一般来说其图例也与工艺流程图有所差异，更接近设备实际结构，常见设备通常根据图例来绘出，但不同的设计单位某些图例会有所差异，一般在图纸上应绘制图例列表，以方便工程技术人员识读，或者在明细栏中加备注说明。油库安装图一般分为设备安装图、泵站安装图、管道安装图等。

10.3.1 设备安装图绘制要点

这里所说的设备安装图是指油库工艺安装图中，有关设备的安装图例和一些规定画法。

(1)安装图中不同方向(方位)的管路绘制，可以按图 10-17 绘制，其他方向的走向读者可以参照图中画法。

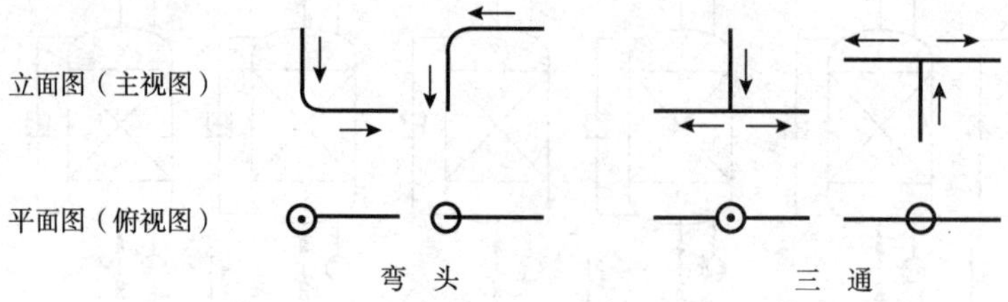

图 10-17 弯头及三通画法

(2)设备图的绘制。这里以手动法兰闸阀为例，见图 10-18，说明其画法(立面图)。

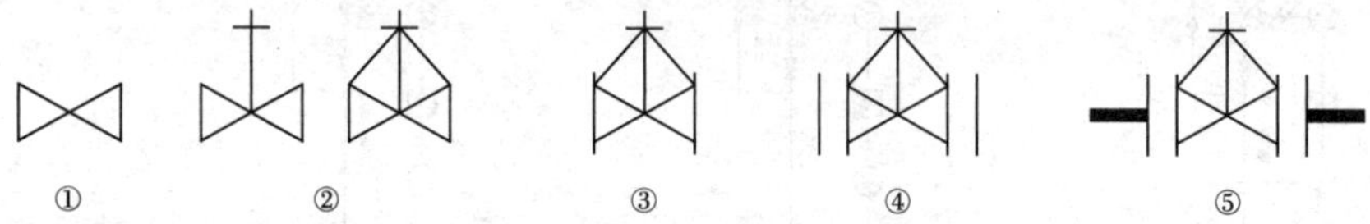

图 10-18 手动闸阀画法

① 先以一定长如 10mm 为边长绘制两相对的正三角形；

② 从中间顶点起绘制表示阀杆的竖线 18mm，在上部 3mm 处绘制 6mm 的横线，将交点与两三角形上方顶点相连；

③利用伸长工具将表示法兰的左右两三角形边长分别伸长 2mm；

④ 将两伸长后的边分别偏移 5mm；

⑤ 绘制表示管路的线段。

上述绘图尺寸只是示例的尺寸，仅表示各部分的相对关系，实际绘图中按此图样放大或缩小即可，另两个方向图参照绘制，其他图例参照上述方法绘制。

提示：此图例绘制方法同样适用工艺流程图图例的绘制，大家可以按此方法建立自己的图例库，绘制图样时插入图例即可。

(3)常见设备安装图。常见设备安装图的画法见表10-1。表中设备多以三(两)向视图绘制，个别设备不分方向，以一向图绘制。

表中所列设备图例并非其实际装配图，只是以类似的形式表达，使得其在工艺安装图中既方便绘制，又接近实际设备外观，便于识读。

表10-1 工艺管道安装图常用图例

序号	名称	图例	序号	名称	图例
1	手动法兰闸阀	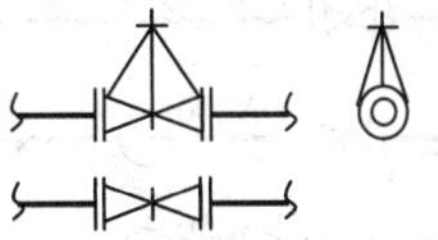	7	手动法兰球阀	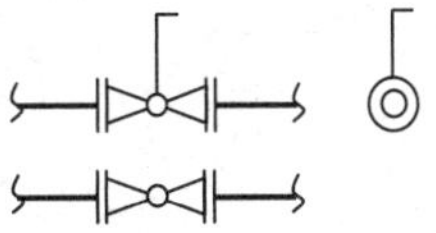
2	气动法兰闸阀	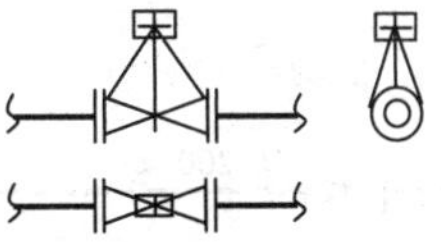	8	电动法兰球阀	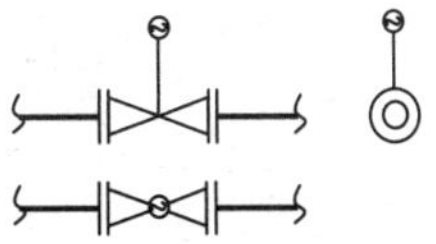
3	手动法兰截止阀	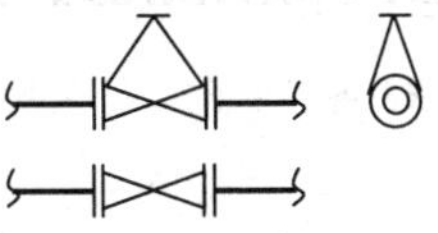	9	旋塞阀	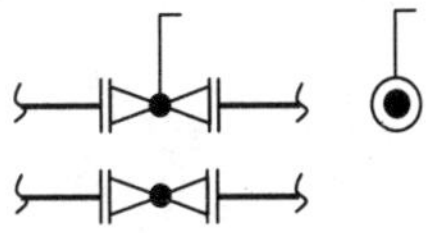
4	升降式止回阀		10	旋启式止回阀	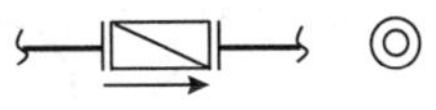
5	蝶阀	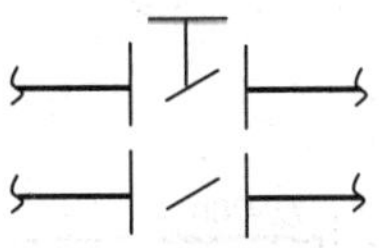	11	过滤器	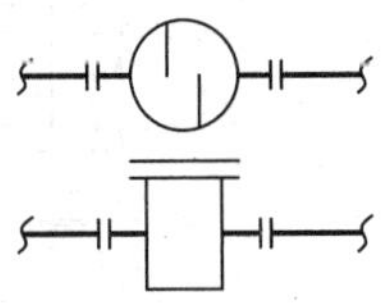
6	底阀	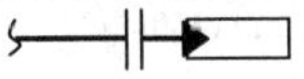	12	流量计	

10.3.2 油泵站及管道安装图的绘制

油库安装图主要有油泵站安装图和管道安装图，用以表达泵站和管道的整体安装要求，包括管线走向、管件布置尺寸等。它与工艺流程图的区别在于需要按实际的方位、走向及尺寸进行绘制，但又不同于一般工程中的装配图，如管道仍然用粗实线表示(不论直径)、管件以设备安装图的图例表示。但是图上的管间距、管件位置尺寸均需按实际尺寸绘制。

安装图的管线布置一般存在上下、左右(前后)关系，所以一般需要绘制平面图(俯视图)、立面图(某向视图)以表达管线之间的相对位置关系。

下面以前面的图10-13中转泵站为例介绍安装图绘制基本方法。由于该泵站(部分)属于同平面布置，所以以平面图(俯视图)表达为主，辅以断面图(立面图)表示其标高，绘制步骤如下：

(1)按尺寸绘制各管线及各管件，见图10-19(a)。

(2)标注相关尺寸及设备编号，见图10-19(b)(注：图中未标注完整尺寸)。

(3)绘制立面图，见图10-19(c)。

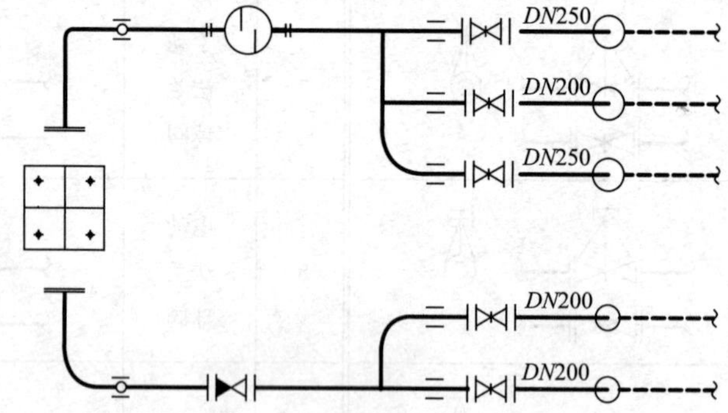

(a) 绘制各管线及各管件

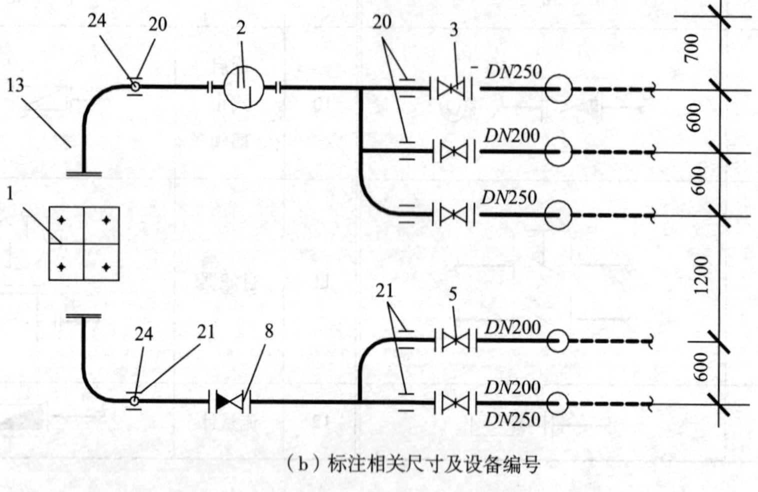

(b) 标注相关尺寸及设备编号

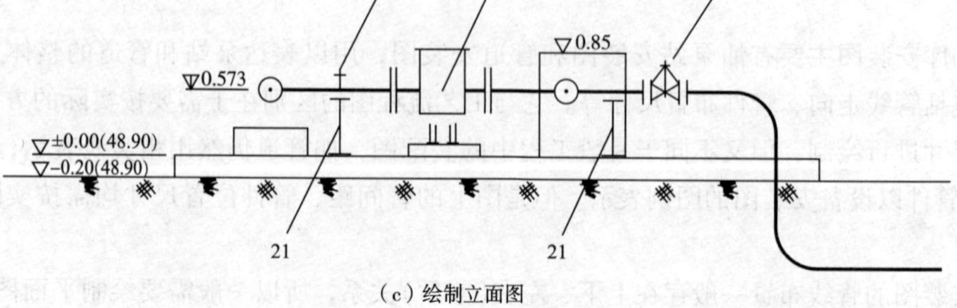

(c) 绘制立面图

图10-19 安装图绘制基本方法

以上绘制过程只是完成整个安装图的部分内容，完整的安装图必须有完整的尺寸、所有设备的规格型号、施工安装的相关要求等，在此不一一赘述。

10.3.3　管道安装轴测图的绘制

现代化工设计中一般要求绘制管道安装轴测图，轴测图的绘制在一般绘图中略显麻烦，但利用 CAD 中极轴追踪功能进行绘制其实相当方便，下面以图 10-20 所示管道走向为例说明轴测图绘制的基本方法及步骤。

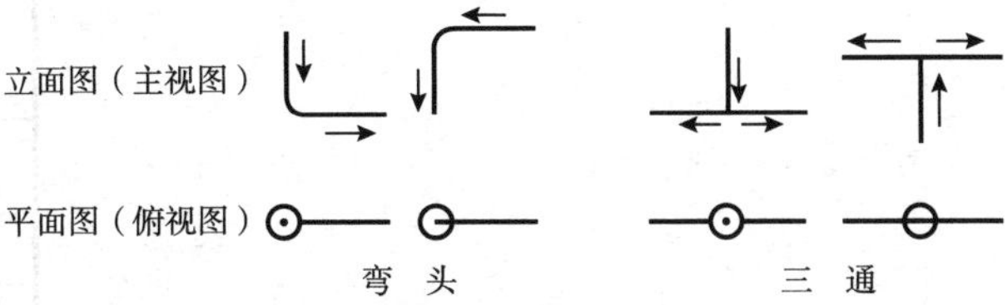

图 10-20　管道走向

(1)在草图设置窗口设置极轴角设置的增量角为 30°，见图 10-21。

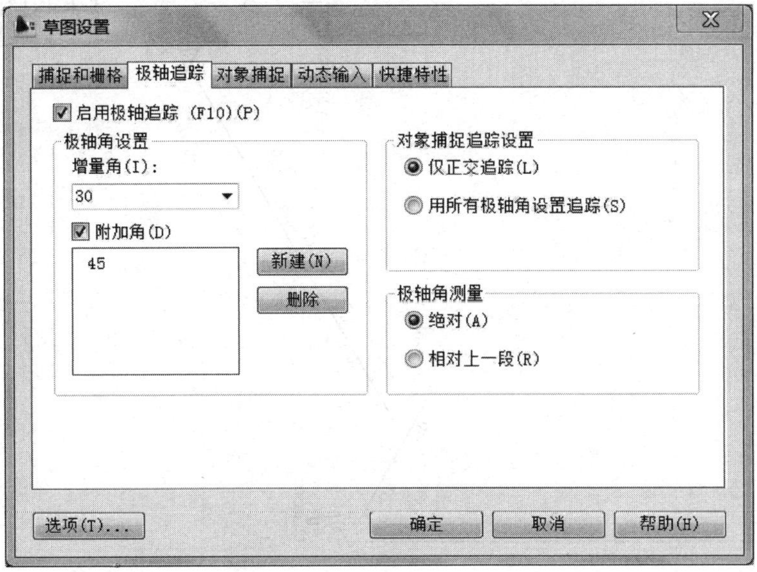

图 10-21　极轴追踪附加角

(2)利用极轴追踪功能绘制轴测图如图 10-22 所示。

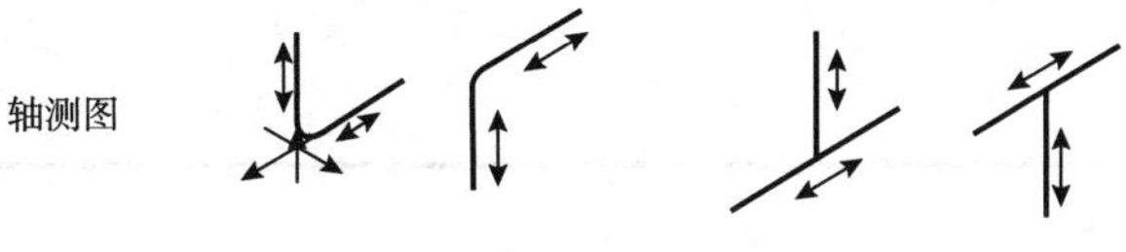

图 10-22　利用极轴追踪功能绘制轴测图

图 10-23 为管道安装轴测图，读者可自行练习。

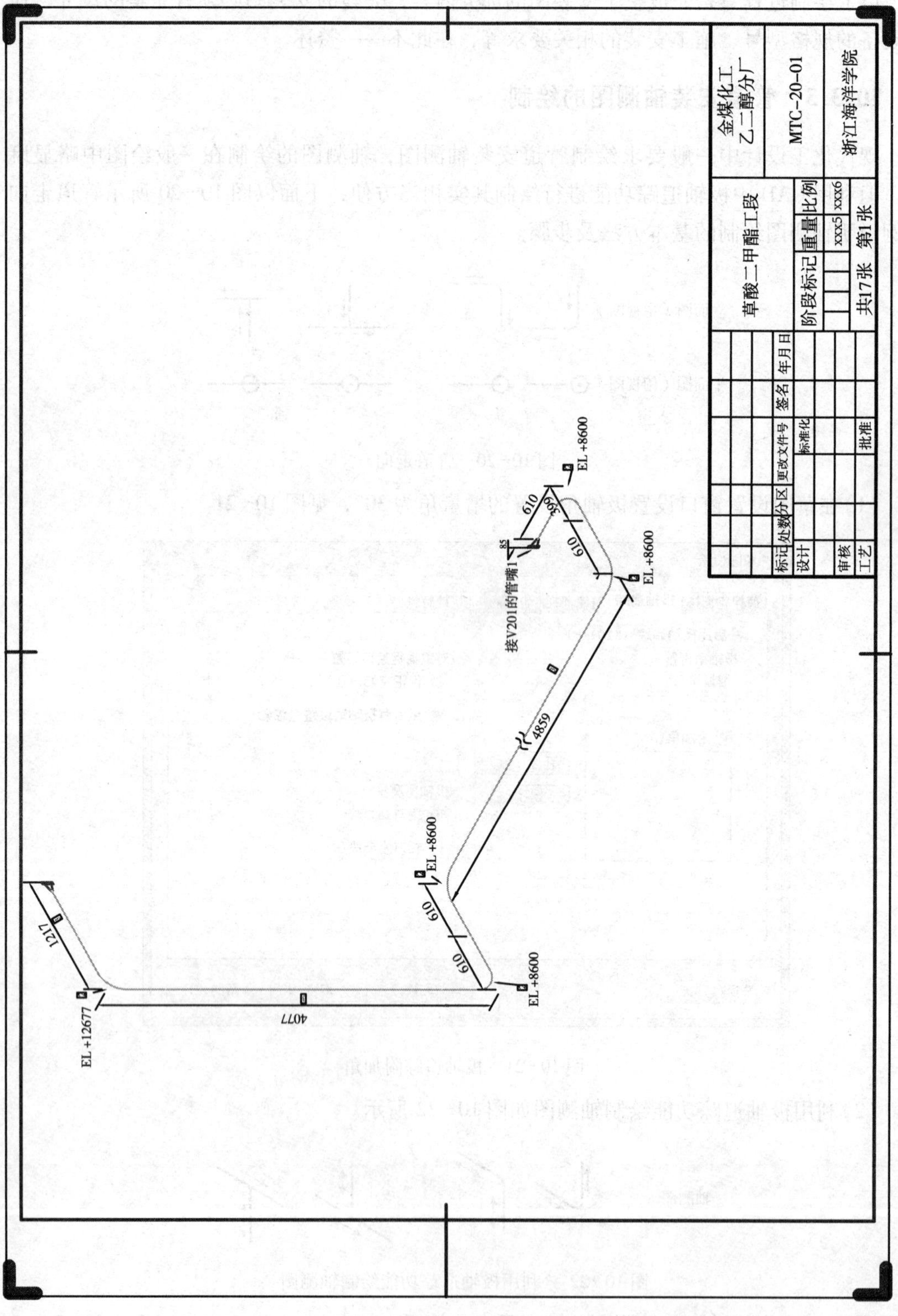

图10-23 管道安装轴测图

提示：利用极轴追踪绘制轴测图的关键是掌握追踪的角度，正等测轴测图是30°(60°、120°)，斜二测就变成45°(90°、135°)，读者可以自行练习。

10.4 石油化工设备装配(安装)图的绘制

石油化工设备的装配图是用来指导设备装配、施工的图样，它与工艺流程图及工艺流程安装图的最大区别在于图样需要详细的结构尺寸及相关说明，本节以化工容器为例作简单介绍。化工容器是一个广义的概念，包括液体、气体介质的储存、反应、分离、交换、换热设备等。其种类按不同的角度有多种分类，如按形状分为圆筒形、矩形、球形等，按压力性质分为内压容器和外压容器等，下面以圆筒形储罐为例说明设备图的基本绘制方法。

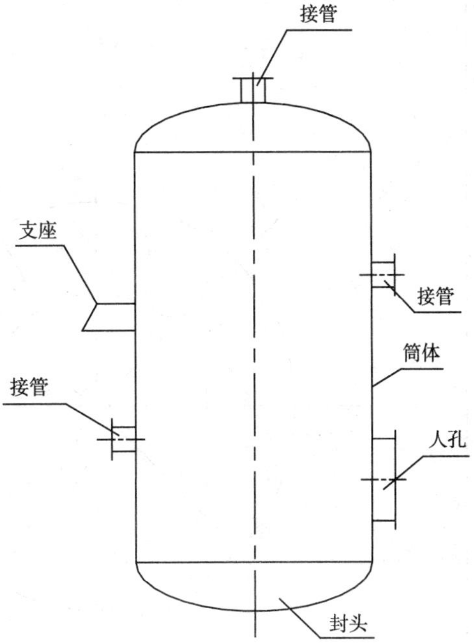

图10-24 立式圆筒形卧式储罐

图10-24是一个典型的立式圆筒形储罐，其结构由主体(筒体)、封头及各种接管、人孔等附件组成。其装配图要表达的主要内容为主体结构、所有接管等附件的装配尺寸等，其基本绘制过程简要介绍如下。

10.4.1 图层及文字、尺寸样式的设置

图层及文字样式、标注样式的设置方法与前述图样的绘制基本一样，只是装配图某些局部小结构可能要采用特殊表达方法，如图10-25中的局部放大图，由于其不按比例或与主图不同的比例绘制，标注尺寸的时候，其尺寸样式需要单独设置或直接修改尺寸数字。

10.4.2 绘图基本步骤

(1)绘制图样中心线、基本轮廓，见图10-25。

(2)绘制容器相关接管等附件，见图10-26。

(3)绘制局部放大图、标注尺寸，见图10-27。

(4)绘制相关管接口表格、填写标题栏等，见图10-28。

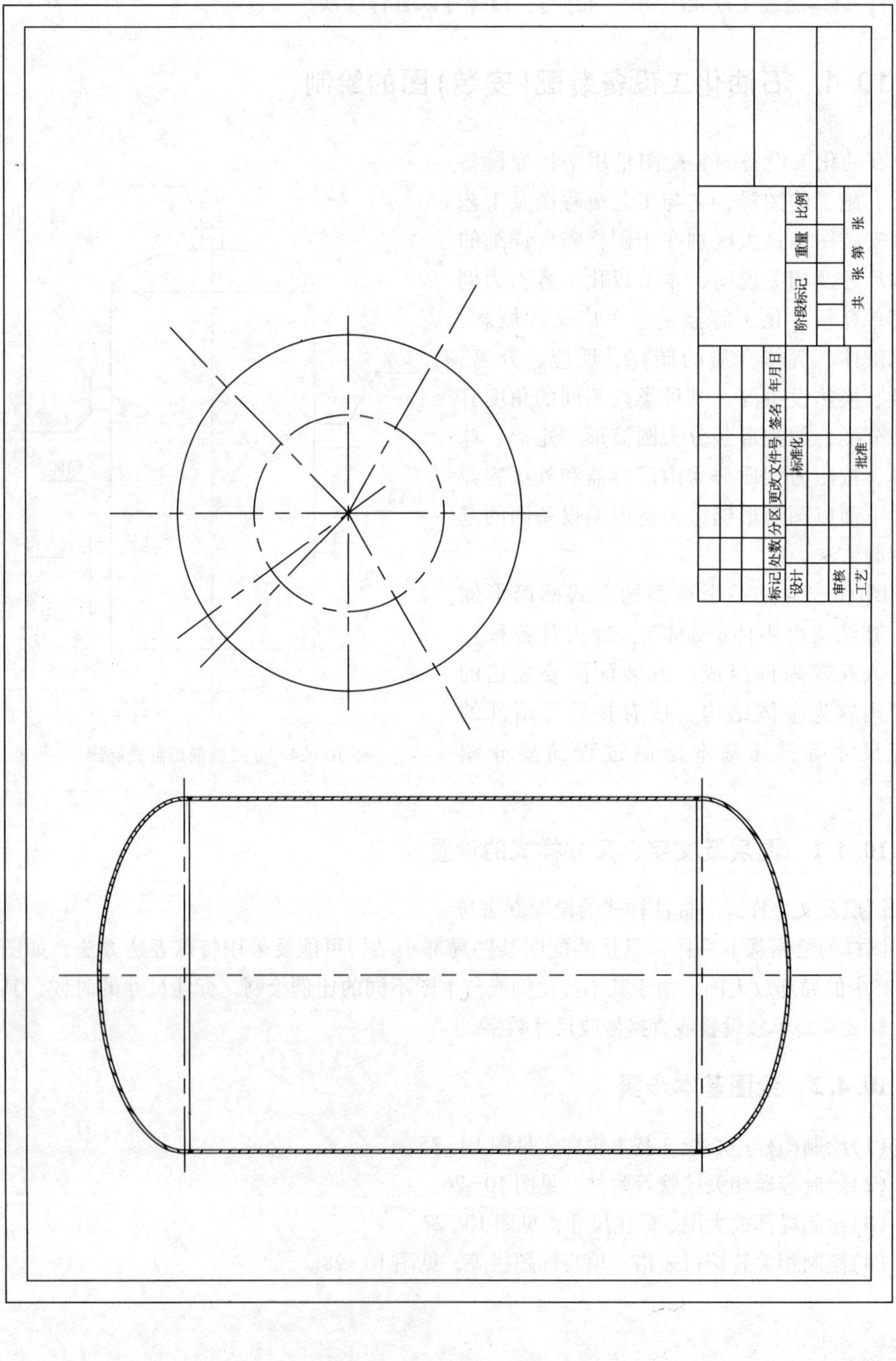

图10-25 基本轮廓图

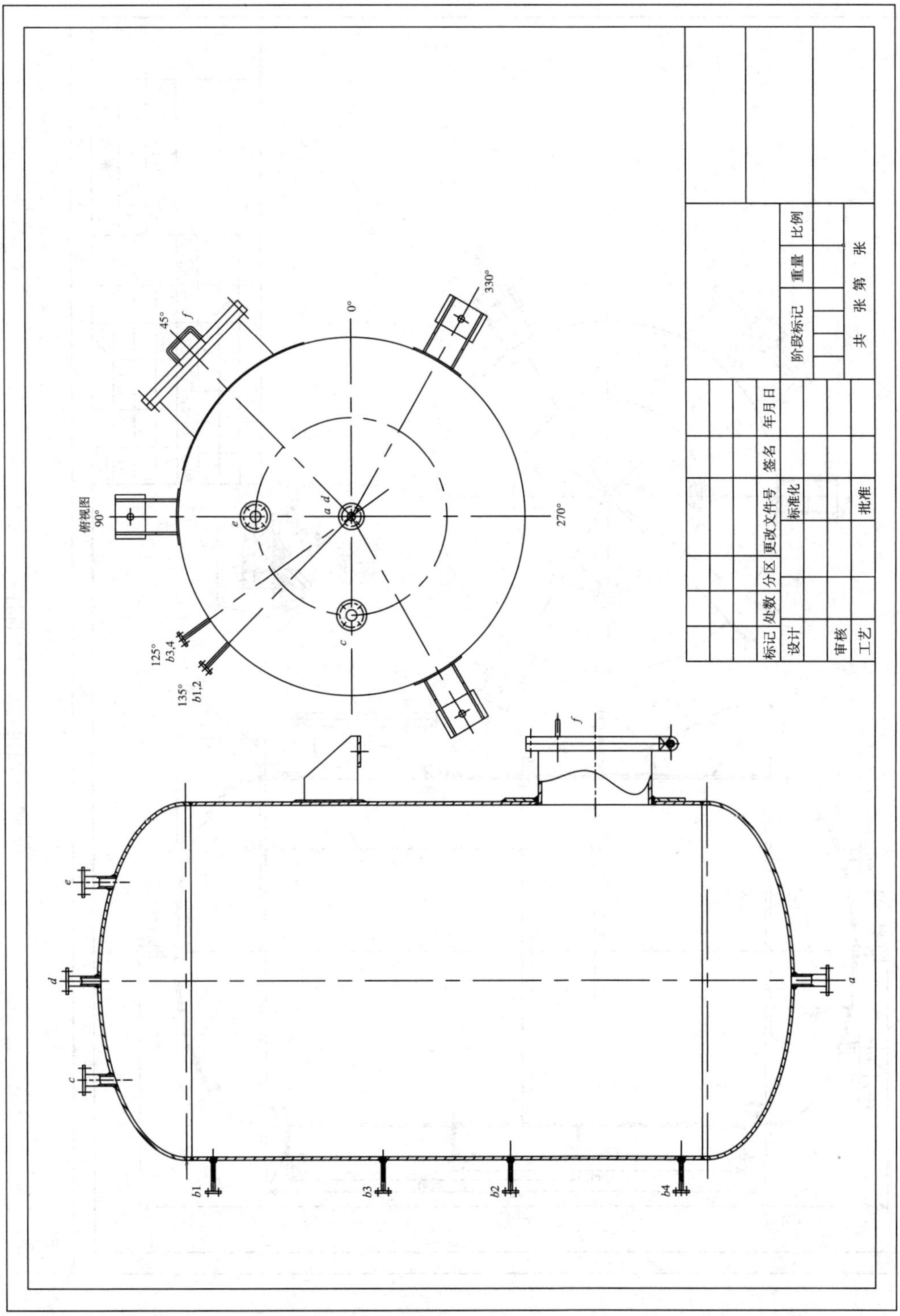

图10-26 绘制相关附件

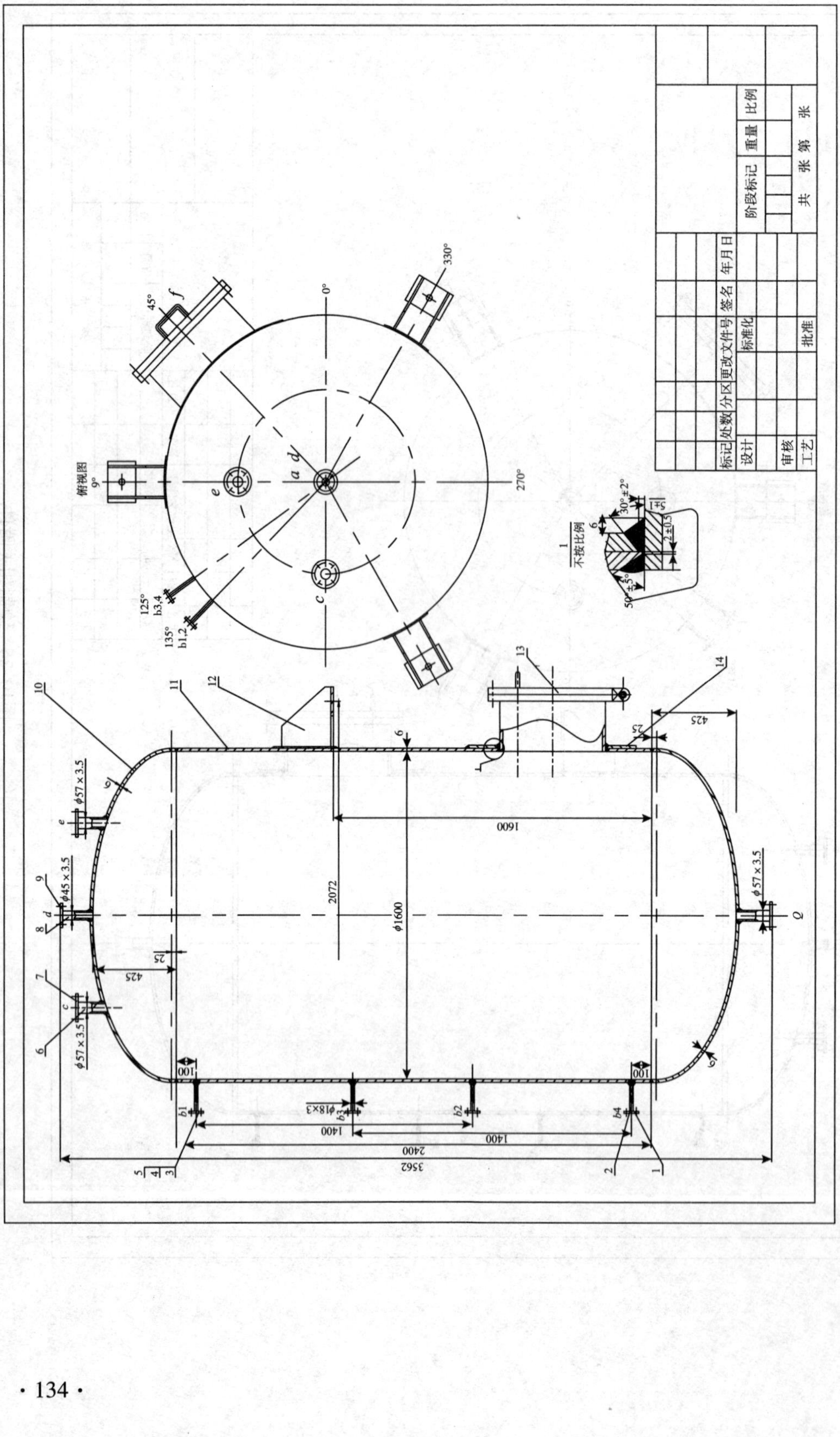
俯视图
不按比例
标记
处数
分区
更改文件号
签名
年月日
设计
标准化
审核
工艺
批准
阶段标记
重量
比例
共 张 第 张
ϕ1600
3562
2400
1400
1600
2072
ϕ57×3.5
ϕ45×3.5
ϕ18×3

图10-27 尺寸标注

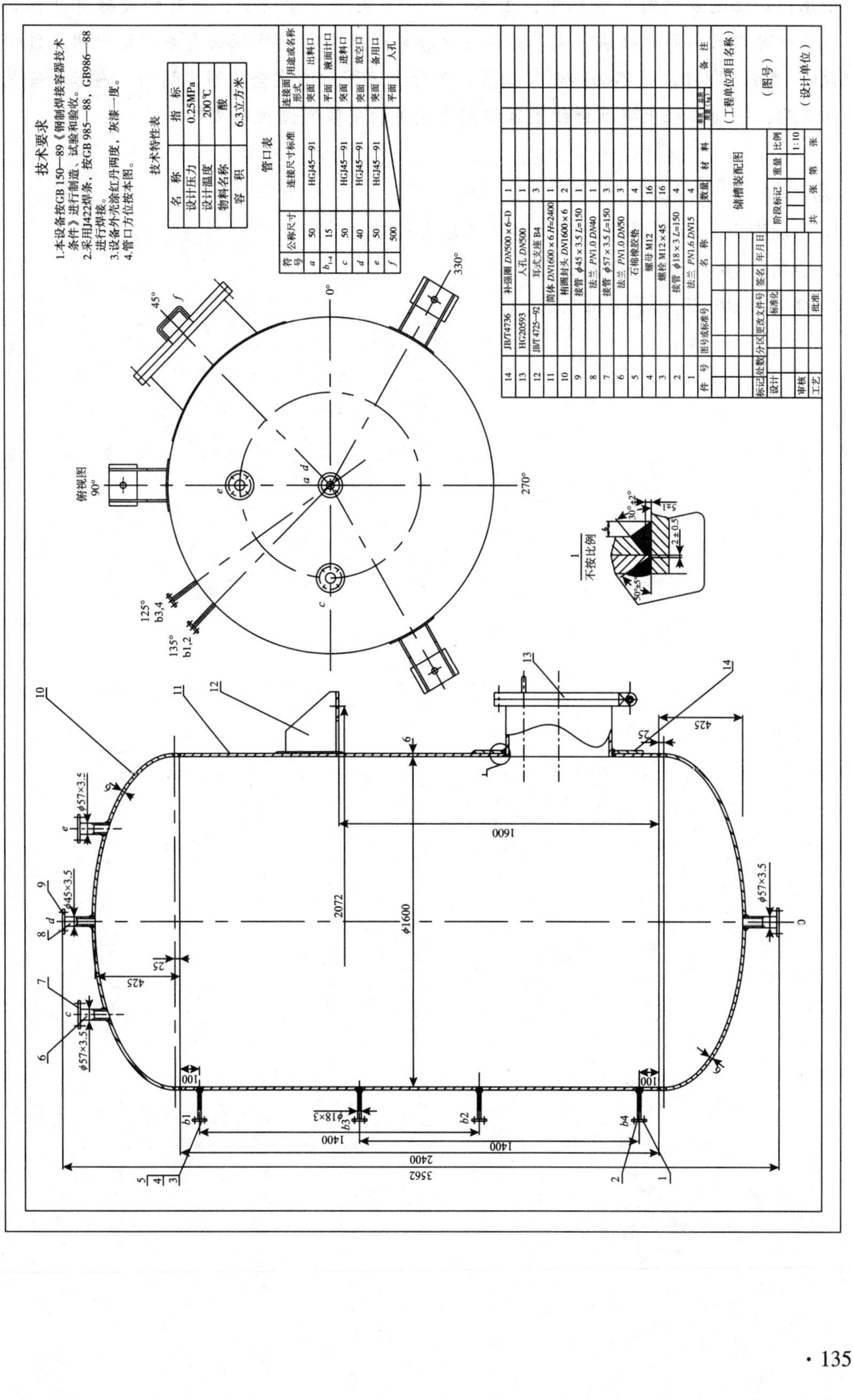

图10-28 填写相关表格

提示：在上述装配图样绘制中，主体部分应按实际尺寸绘制，而对相关标准件如接管、人孔则可以采用简化画法，尤其是法兰连接件等只需在明细栏及有关图形说明文件中加以说明(备注)即可，而不必绘制其细节。另外上述图中未完全填写完明细栏内容及安装的文字说明，一般工程上将其详细内容编制有相关的安装制造说明文件。

习 题

1. 绘制图 10-16 和图 10-17 所示的工艺流程图。
2. 绘制图 10-17 的 PID 流程图。
2. 绘制图 10-23 的管道轴测图。

附录1 GB/T 18229—2000_ CAD 工程制图规则

1 范围

本标准规定了用计算机绘制工程图的基本规则。
本标准适用于机械、电气、建筑等领域的工程制图以及相关文件。

2 引用标准

下列标准所包含的条文，通过在本标准中引用而构成为本标准的条文。本标准出版时，所示版本均为有效。所有标准都会被修订，使用本标准的各方应探讨使用下列标准最新版本的可能性。

GB/T 10609.1—1989 技术制图 标题栏(neq ISO 7200：1984)

GB/T 10609.2—1989 技术制图 明细栏(neq ISO 7573：1983)

GB/T 13361—1992 技术制图 通用术语

GB/T 13362.4—1992 机械制图用计算机信息交换 常用长仿宋矢量字体、代(符)号

GB/T 13362.5—1992 机械制图用计算机信息交换 常用长仿宋矢量字体、代(符)号 数据集单线单体字模集及数据集

GB/T 13844—1992 图形信息交换用矢量汉字

GB/T 13845—1992 图形信息交换用矢量汉字 宋体字模集及数据集

GB/T 13846—1992 图形信息交换用矢量汉字 仿宋体字模集及数据集

GB/T 13847—1992 图形信息交换用矢量汉字 楷体字模集及数据集

GB/T 13848—1992 图形信息交换用矢量汉字 黑体字模集及数据集

GB/T 14689—1993 技术制图 图纸幅面和格式(eqv ISO 5457：1980)

GB/T 14690—1993 技术制图 比例(eqv ISO 5455：1979)

GB/T 14691—1993 技术制图 字体(eqv ISO 3098-1：1974)

GB/T 14692—1993 技术制图 投影法(eqv ISO/DIS 5456：1993)

GB/T 15751—1995 技术产品文件 计算机辅助设计与制图 词汇(eqv ISO/TR

10623：1992）

GB/T 16675.1—1996　技术制图　图样画法的简化表示法

GB/T 16900—1997　图形符号表示规则　总则（eqv ISO/IEC 11714 - 1：1996）

GB/T 16901.1—1997　图形符号表示规则　产品技术文件用图形符号　第 1 部分：基本规则（eqv ISO/IEC 11714 - 1：1996）

GB/T 16902.1—1997　图形符号表示规则　设备用图形符号　第 1 部分：图形符号的形成（eqv ISO 3461 - 1：1988）

GB/T 16903.1—1997　图形符号表示规则　标志用图形符号　第 1 部分：图形标志的形成

GB/T 16675.2—1996　技术制图　尺寸注法的简化表示法

GB/T 17450—1998　技术制图　图线（idt ISO 128 - 20：1996）

GB/T 17451 ~ 17453—1998　技术制图　图样画法（eqv ISO/DIS 11947 - 1 ~ 4：1995）

3　术语

本标准采用 GB/T 13361 和 GB/T 15751 中的有关术语。

4　CAD 工程制图的基本设置要求

4.1　图纸幅面与格式

用计算机绘制工程图时，其图纸幅面和格式按照 GB/T 14689 的有关规定。

4.1.1　在 CAD 工程制图中所用到的有装订边或无装订边的图纸幅面形式见图 1。基本尺寸见表 1。

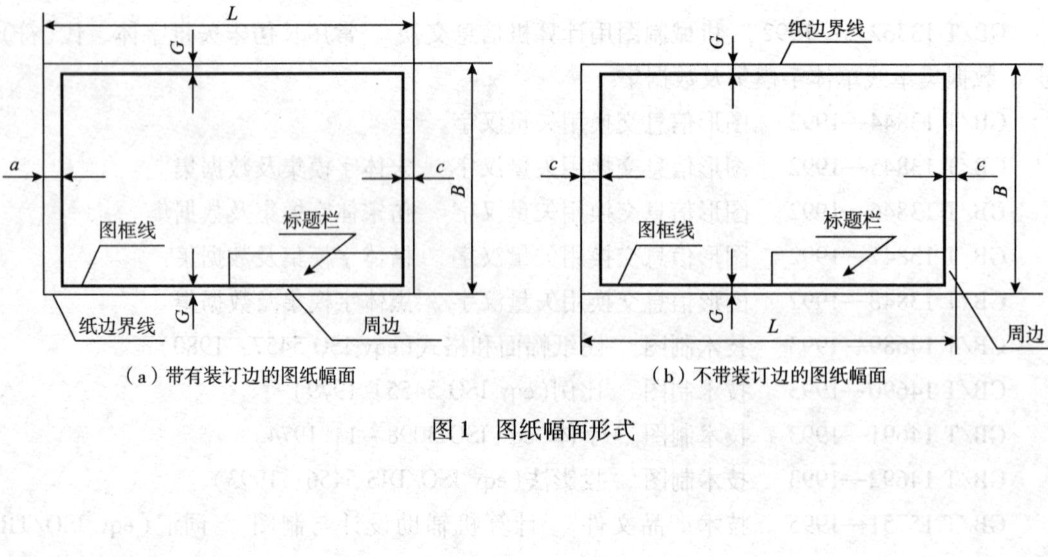

图 1　图纸幅面形式

表 1 图纸幅面 mm

幅面代号	A0	A1	A2	A3	A4
$B\times L$	841×1189	594×841	420×594	297×420	210×297
E	20		10		
C	10			5	
A	25				

注：在 CAD 绘图中对图纸有加长加宽的要求时，应按基本幅面的短边(B)成整数倍增加。

4.1.2 CAD 工程图中可根据需要，设置方向符号见图 2、剪切符号见图 3、米制参考分度见图 4 和对中符号见图 5。

4.1.3 对图形复杂的 CAD 装配图一般应设置图幅分区，其形式见图 5。

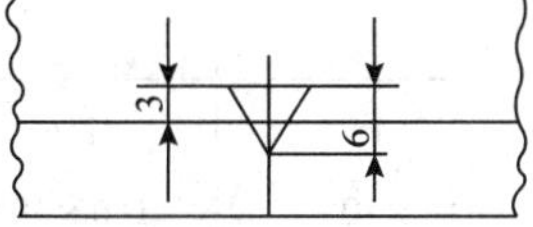

图 2 方向符号

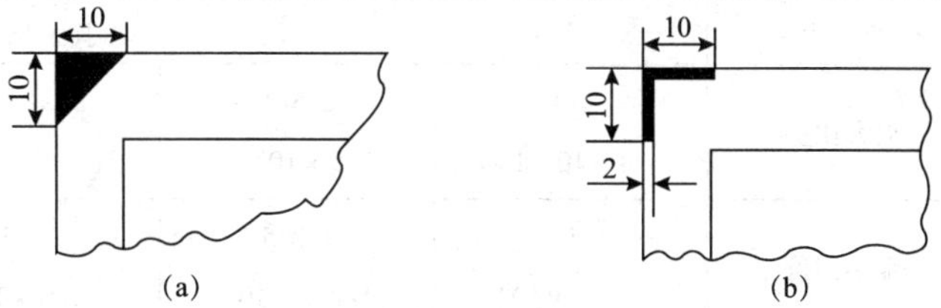

图 3 剪切符号

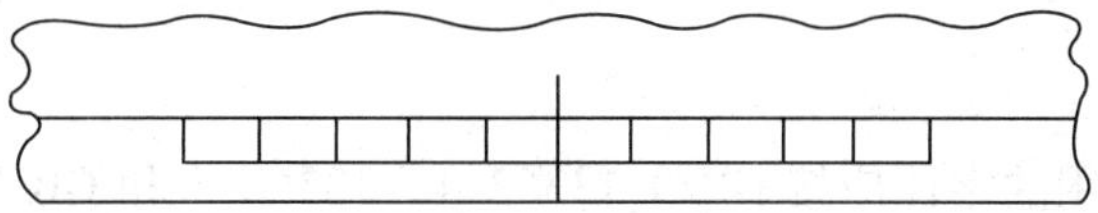

图 4 米制参考分度

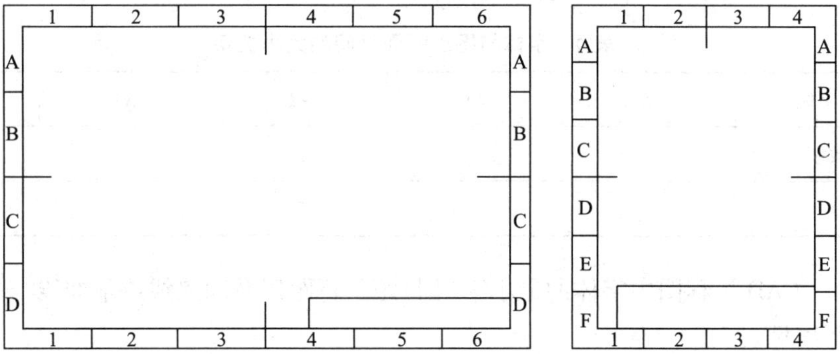

图 5 对中符号

4.2 比例

用计算机绘制工程图样时的比例大小应按照 GB/T 14690 中规定。

4.2.1 在 CAD 工程图中需要按比例绘制图形时，按表 2 中规定的系列选用适当的比例。

表 2　比例

种　类	比　例		
原值比例	1∶1		
放大比例	5∶1 5×10^n∶1	2∶1 2×10^n∶1	1×10^n∶1
缩小比例	1∶2 1∶2×10^n	1∶5 1∶5×10^n	1∶10 1∶10×10^n

注：n 为正整数。

4.2.2　必要时，也允许选取表 3 中的比例。

表 3　允许选取的比例

种　类	比　例				
放大比例	4∶1 4×10^n∶1	2.5∶1 2.5×10^n∶1			
缩小比例	1∶1.5 1∶1.5×10^n	1∶2.5 1∶2.5×10^n	1∶3 1∶3×10^n	1∶4 1∶4×10^n	1∶6 1∶6×10^n

注：n 为正整数。

4.3　字体

CAD 工程图中所用的字体应按 GB/T 13362.4 ~ 13362.5 和 GB/T 14691 要求，并应做到字体端正、笔画清楚、排列整齐、间隔均匀。

4.3.1　CAD 工程图的字体与图纸幅面之间的大小关系参见表 4。

表 4　字体与图纸幅面之间的大小关系　mm

图幅、字体	A0	A1	A2	A3	A4
字母数字	3.5				
汉字	5				

4.3.2　CAD 工程图中字体的最小字(词)距、行距以及间隔线或基准线与书写字体之间的最小距离见表 5。

表 5　字体的最小字(词)距、行距等　mm

字　体	最小距离	
汉字	字距	1.5
	行距	2
	间隔线或基准线与汉字的间距	1

续表

字　体	最小距离	
拉丁字母、阿拉伯数字、希腊字母、罗马数字	字符	0.5
	词距	1.5
	行距	1
	间隔线或基准线与字母、数字的间距	1

注：当汉字与字母、数字混合使用时，字体的最小字距、行距等应根据汉字的规定使用。

4.3.3　CAD 工程图中的字体选用范围见表 6。

表 6　字体选用范围

汉字字型	国家标准号	字体文件名	应用范围
长仿宋体	GB/T 13362.4～13362.5—1992	HZCF.*	图中标注及说明的汉字、标题栏、明细栏等
单线宋体	GB/T 13844—1992	HZDX.*	大标题、小标题、图册封面、目录清单、标题栏中设计单位名称、图样名称、工程名称、地形图等
宋体	GB/T 13845—1992	HZST.*	
仿宋体	GB/T 13846—1992	HZFS.*	
楷体	GB/T 13847—1992	HZKT.*	
黑体	GB/T 13848—1992	HZHT.*	

4.4　图线

CAD 工程图中所用的图线，应遵照 GB/T 17450 中的有关规定。

4.4.1　CAD 工程图中的基本线型见表 7。

表 7　基本线型

代　码	基本线型	名　称
01	————————————	实线
02	- - - - - - - - - - - - - - - -	虚线
03	—　—　—　—　—　—　—	间隔画线
04	—·—·—·—·—·—·—·—	单点长画线
05	—··—··—··—··—··—	双点长画线
06	···—···—···—···—···—	三点长画线
07	································	点线
08	——-——-——-——	长画短画线
09	——--——--——	长画双点画线
10	· · · · · · · · · · · · · · · · · · · ·	点画线
11	·——·——·——·——	单点双画线
12	··—··—··—··—	双点画线
13	··——··——··——··	双点双画线
14	···—···—···	三点画线
15	···——···——···——	三点双画线

4.4.2　基本线型的变形见表 8。

表 8　基本线型的变形

基本线型的变形	名　称
	规则波浪连续线
	规则螺旋连续线
	规则锯齿连续线
	波浪线

注：本表仅包括表 7 中 No. 01 基本线型的类型，No. 02 ~ 15 可用同样方法的变形表示。

4.4.3　基本图线的颜色

屏幕上的图线一般应按表 9 中提供的颜色显示，相同类型的图线应采用同样的颜色。

表 9　基本图线的颜色

图线类型		屏幕上的颜色	图线类型		屏幕上的颜色
粗实线		白色	虚线		黄色
细实线		绿色	细点画线		红色
波浪线			粗点画线		棕色
双折线	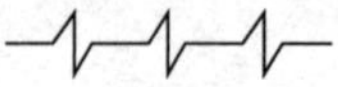		双点画线		粉红色

4.5　剖面符号

CAD 工程图中剖切面的剖面区域的表示见表 10。

4.6　标题栏

CAD 工程图中的标题栏，应遵守 GB/T 10609.1 中的有关规定。

4.6.1　每张 CAD 工程图均应配置标题栏，并应配置在图框的右下角。

4.6.2　标题栏一般由更改区、签字区、其他区、名称及代号区组成，见图 6。CAD 工程图中标题栏的格式见图 7。

4.7　明细栏

CAD 工程图中的明细栏应遵守 GB/T 10609.2 中的有关规定，CAD 工程图中的装配图上一般应配置明细栏。

4.7.1　明细栏一般配置在装配图中标题栏的上方，按由下而上的顺序填写，见图 8。

4.7.2　装配图中不能在标题栏的上方配置明细栏时，可作为装配图的续页按 A4 幅面单独绘出，其顺序应是由上而下延伸。

表 10　剖面符号

剖面区域的式样	名　称	剖面区域的式样	名　称
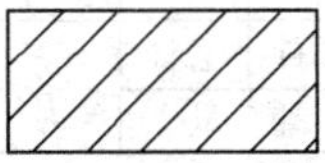	金属材料/普通砖	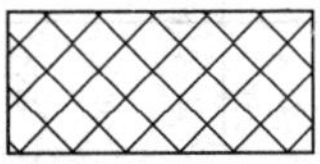	非金属材料（除普通砖外）
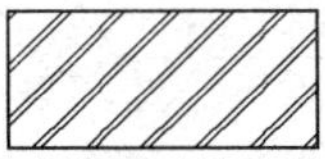	固体材料	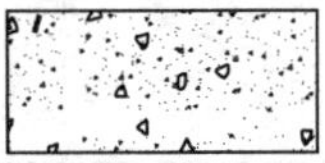	混凝土
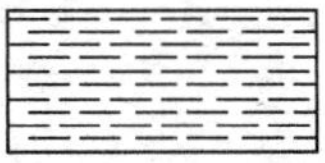	液体材料	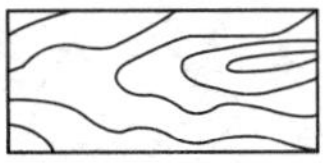	木质件
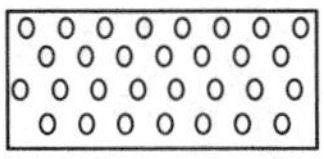	气体材料	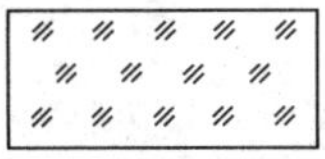	透明材料

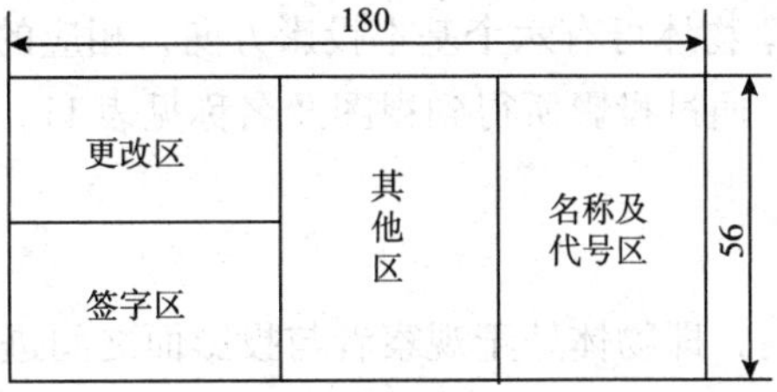

图 6　标题栏一组成

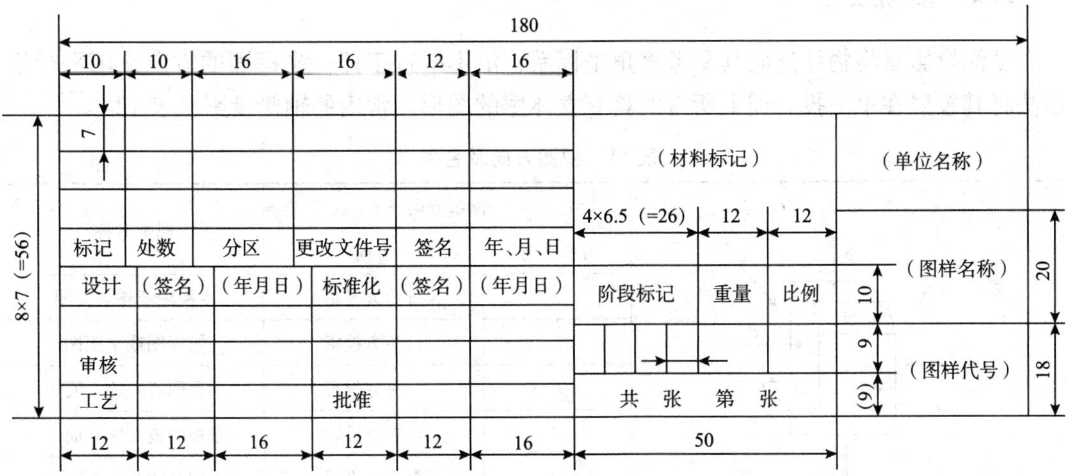

图 7　CAD 工程图中标题栏的格式

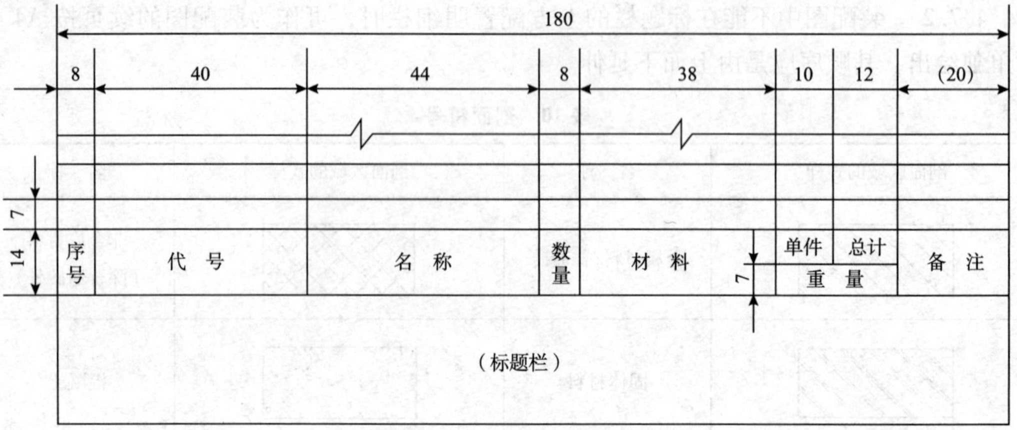

图8 明细栏

5 投影法

5.1 正投影法

5.1.1 正投影的基本方法

CAD 工程图中表示一个物体可有六个基本投影方向，相应的六个基本的投影平面分别垂直于六个基本投影方向，通过投影所得到视图及名称见表 11，物体在基本投影面上的投影称为基本视图。

5.1.2 第一角画法

将物体置于第一分角内，即物体处于观察者与投影面之间进行投影，然后按规定展开投影面，见图 9，各视图之间的配置关系见图 10，第一角画法的说明符号见图 11。

5.2 轴侧投影

轴侧投影是将物体连同其参考直角坐标系，沿不平行于任一坐标面的方向，用平行投影法将其投射在单一投影面上所得的具有立体感的图形。常用的轴侧投影见表 12。

表 11 视图方向及名称

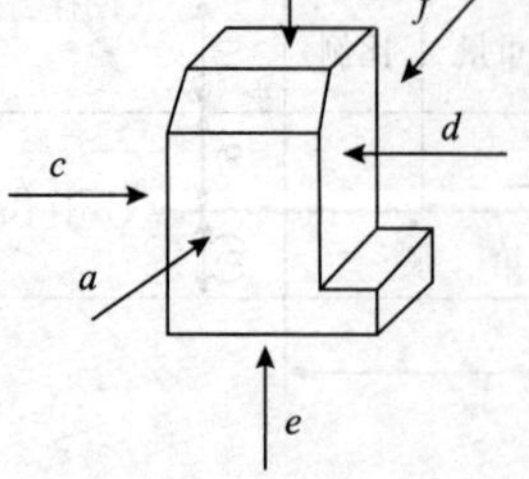

投影方向		视图名称
方向代号	方向	
a	自前方投影	主视图或正立面图
b	自上方投影	俯视图或平面图
c	自左方投影	左视图或左侧立面图
d	自右方投影	右视图或右侧立面图
e	自下方投影	仰视图或底面图
f	自后方投影	后视图或背立面图

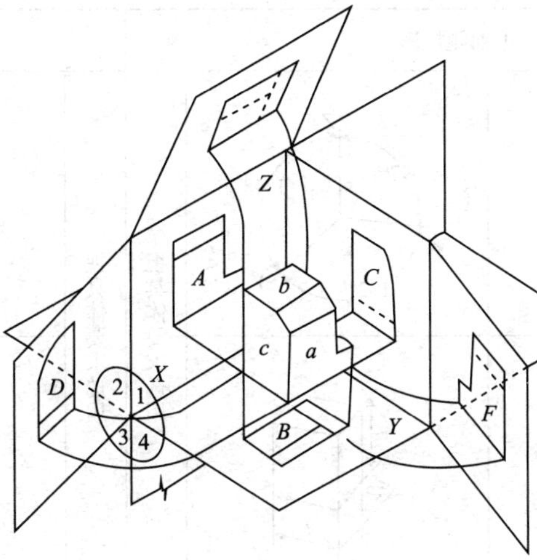

图 9 投影方向及展开

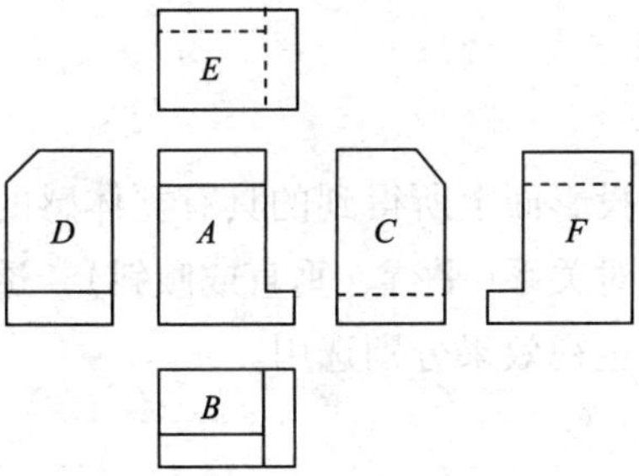

图 10 视图基本配置

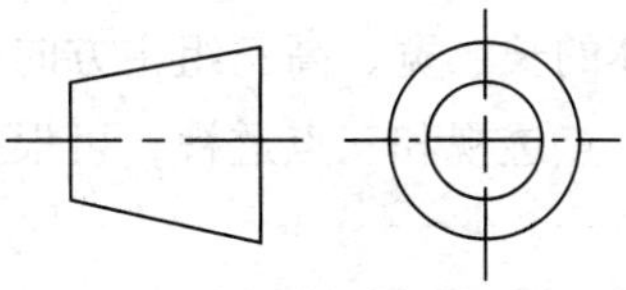

图 11

表 12 轴测图参数

		正轴侧投影			斜轴侧投影		
特性		投影线与轴侧投影面垂直			投影线与轴侧投影面倾斜		
轴侧类型		等侧投影	二侧投影	三侧投影	等侧投影	二侧投影	三侧投影
简称		正等侧	正二侧	正三侧	斜等侧	斜二侧	斜三侧
应用举例	伸缩系数	$p_1=q_1=r_1=0.82$	$p_1=r_1=0.94$ $q_1=\frac{p_1}{2}=0.47$	视具体要求选用	视具体要求选用	$p_1=r_1=1$ $q_1=0.5$	视具体情况选用
	简化系数	$p=q=r=1$	$p=r=1$ $q=0.5$			无	

续表

<table>
<tr><td colspan="2"></td><td colspan="3">正轴侧投影</td><td colspan="3">斜轴侧投影</td></tr>
<tr><td rowspan="2">应用举例</td><td>轴间角</td><td>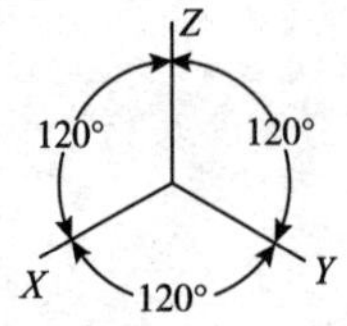</td><td>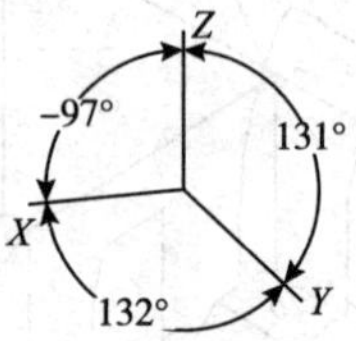</td><td rowspan="2">视具体要求选用</td><td rowspan="2">视具体要求选用</td><td>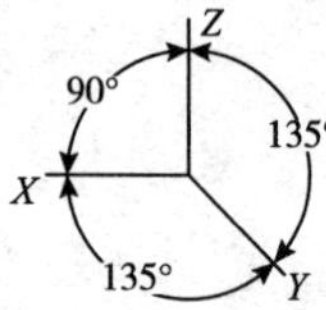</td><td rowspan="2">视具体情况选用</td></tr>
<tr><td>例图</td><td>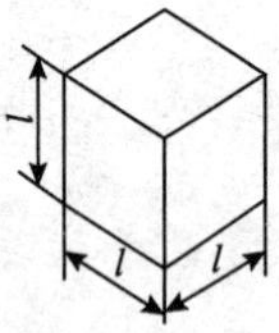</td><td>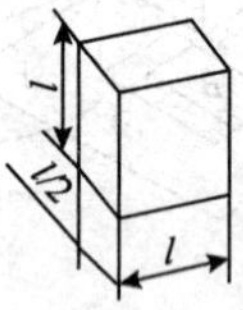</td><td>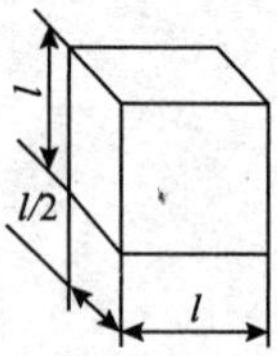</td></tr>
</table>

注：轴向伸缩系数之比值，即 $p:q:r$ 应采用简单的数值以便于作图。

5.3 透视投影

透视投影是用中心投影法将物体投射在单一投影面上所得到的具有立体感的图形。根据画面对物体的长、宽、高三组主方向棱线的相对关系(平行、垂直或倾斜)，透视图分为一点透视、二点透视和三点透视，可根据不同的透视效果分别选用。

6 图形符号的绘制

在 CAD 工程图中绘制图形符号时，应该按照 GB/T 16900 ~ 16903 中规定的设计程序及图形表示的有关要求进行绘制。

7 CAD 工程图的基本画法

在 CAD 工程制图中应遵守 GB/T 17451 和 GB/T 17452 中的有关要求。

7.1 CAD 工程图中视图的选择

表示物体信息量最多的那个视图应作为主视图，通常是物体的工作位置或加工位置或安装位置。当需要其他视图时，应按下述基本原则选取：

a)在明确表示物体的前提下，使数量为最小；

b)尽量避免使用虚线表达物体的轮廓及棱线；

c)避免不必要的细节重复。

7.2 视图

在 CAD 工程图中通常有基本视图、向视图、局部视图和斜视图。

7.3 剖视图

在 CAD 工程图中，应采用单一剖切面、几个平行的剖切面和几个相关的剖切面剖切物体得到全剖视图、半剖视图和局部剖视图。

7.4 断面图

在 CAD 工程图中，应采用移出断面图和复合断面图的方式进行表达。

7.5 图样简化

必要时，在不引起误解的前提下，可以采用图样简化的方式进行表示，见 GB/T 16675.1 的有关规定。

8 CAD 工程图的尺寸标注

在 CAD 工程制图中应遵守相关行业的有关标准或规定。

8.1 箭头

8.1.1 在 CAD 工程制图中所使用的箭头形式有以下几种供选用，见图 12。

8.1.2 同一 CAD 工程图中，一般只采用一种箭头的形式。当采用箭头位置不够时，允许用圆点或斜线代替箭头，如图 13 所示。

8.2 CAD 工程图中的尺寸数字、尺寸线和尺寸界线应按照有关标准的要求进行绘制。

8.3 简化标注

必要时，在不引起误解的前提下，CAD 工程制图中可以采用简化标注方式进行表示，见 GB/T 16675.2。

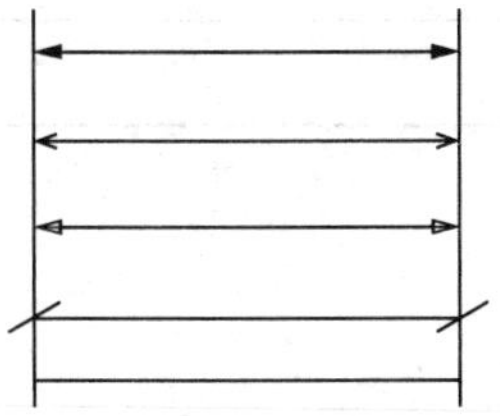

图 12

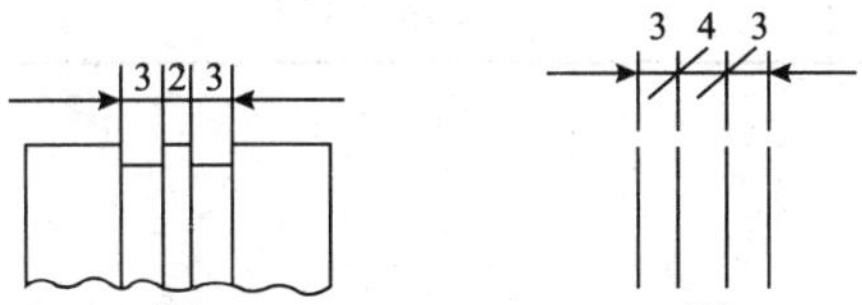

(a) (b)

图 13

9　CAD 工程图的管理

9.1　CAD 工程图的图层管理见表 13。

表 13　图层管理

层 号	描 述	图 例
01	粗实线 剖切面的粗剖切线	
02	细实线 细波浪线 细折断线	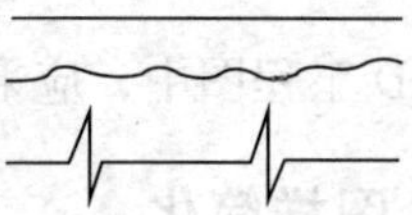
03	粗虚线	
04	细虚线	
05	细点划线 剖切面的剖切线	
06	粗点画线	
07	细双点划线	
08	尺寸线，投影连线，尺寸终端与符号细实线	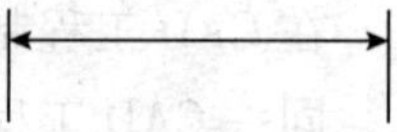
09	参考圆，包括引出线和终端(如箭头)	
10	剖面符号	
11	文本，细实线	ABCD
12	尺寸值和公差	432 ± 1
13	文本，粗实线	KLMN
14，15，16	用户选用	

附　录　A

（提示的附录）

第三角画法

将物体置于第三分角内，即投影面处于观察者与物体之间进行投影，然后按规定展开投影面，见图 A1；各视图之间的配置关系见图 A2；第三角画法的说明符号见图 A3。

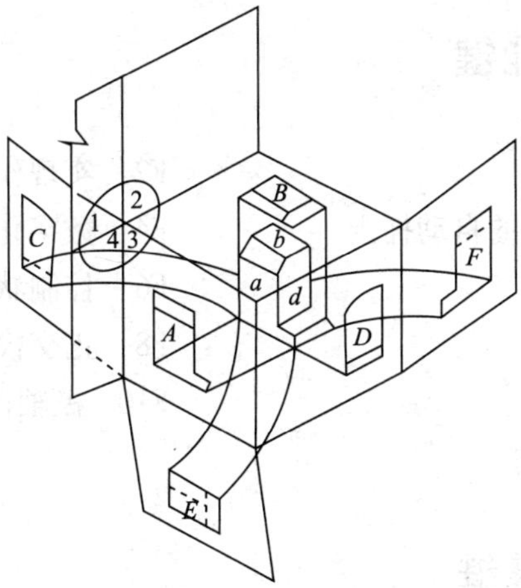

图 A1　投影方向及展开

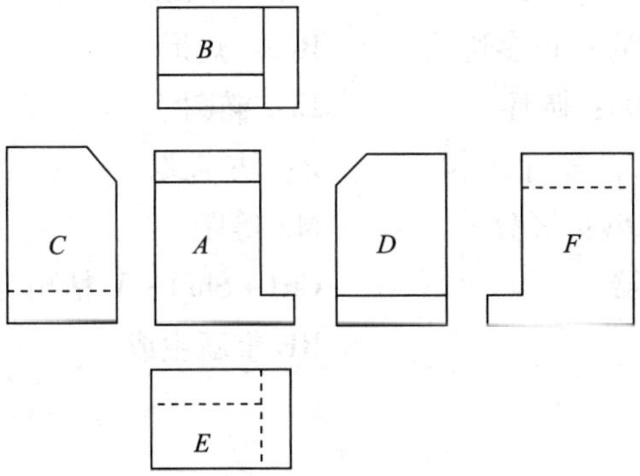

图 A2　配置关系图

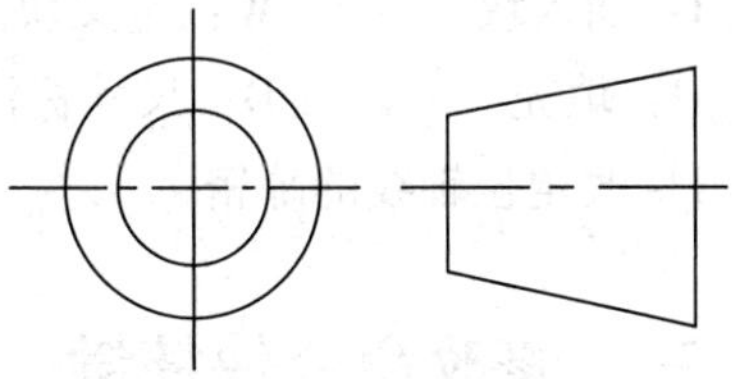

图 A3　说明符号

附录2　AutoCAD 2010 快捷命令大全

一、绘图常用功能键

F1：获取帮助
F2：实现作图窗与文本窗口的切换
F3：控制是否实现对象的自动捕捉
F4：数字化仪化仪控制
F5：等轴测平面切换
F6：控制状态行上坐标的显示方式
F7：栅格捕捉模式控制
F8：正交模式控制
F9：极轴模式控制
F10：极轴模式控制
F11：对象追踪模式控制

二、绘图指令快捷键

Po：点　L：直线　Xl：射线　Pl：多段线
Ml：多线　Spl：样条曲线　Pol：正多边形　Rec：矩形
c：圆　A：圆弧　Do：圆环　El：椭圆
Reg：面域　Mt：多行文本　T：多行文本　B：块定义
I：插入块　W：定义块文件　Div：等分　ME 等距
H：填充　D：尺寸标注资源管理器　Ctrl + Shift + V 粘贴为块
Lts 改定位轴线的疏密　RE 重新生成

三、修改命令快捷键

M：移动　E 空格　del 键：删除　X；分解
TR：修剪　EX：延伸　S：拉伸　LEN：直线拉长
SC：比例缩放　BR：打断　CHA：倒角　F：倒圆角
SC Z：缩放　G：对相组合　V：设置当前坐标
U：恢复上一次操作偏移　MI：镜像　AR：阵列
O：偏移　RO：旋转　ED：修改文本　PE：多段线编辑

四、Ctrl 键的运用

Ctrl + 1：打开特性对话框
ctrl + 2：打开图像资源管理器
Ctrl + 6：打开图像数据原子
ctrl + p：打开打印对话框
Ctrl + s：保存文件
ctrl + y：重做
ctrl + z：取消前一步操作

五、视窗缩放

P：平移
Z：局部放大
Z + P：返回上一视图
Z + E：显示全图
Z + 空格 + 空格：实时缩放
Z 空格 E 空格
Z 空格
A 空格[界面缩放]

六、尺寸标注

DLI：直线标注
DRA：半径标注
DDI：直径标注
DAN：角度标注
DCO：连续标注
DCE：中心标注
DOR：点标注
LE：快速引出标注
DBA：基线标注

七、对象特性

ST：文字样式
MA：属性匹配
LA：图层操作
LT：线形
LTS：线形比例
REN：重命名
LI：显示图形数据信息
LW：线宽
PRE：打印预览
R：重新生成
PU：清除垃圾
COL：设置颜色
AL：对齐
DI：测量距离
AA、LI：测量面积

参考文献

1 杨松林等 . 化学工程 CAD 技术应用及实例[M]. 北京：化学工业出版社，2008

2 胡仁喜等 . AutoCAD2010 中文版建筑设计完全实例教程[M]. 化学工业出版社，2010

3 何倩玲 . CAD2010 基础教程[M]. 北京：中国建筑工业出版社，2011

4 郭建新 . 油品储运调和操作工补充教材[M]. 北京：中国石化出版社，2013

5 竺柏康 . 油品储运[M]. 北京：中国石化出版社，2013

6 许行 . 油库设计与管理[M]. 北京：中国石化出版社，2009 年

7 于萍 . AutoCAD 2010 中文版实用教程[M]. 上海：上海科学普及出版社，2011

8 崔洪斌，肖新华 . AutoCAD2010 中文版实用教程[M]. 北京：人民邮电出版社，2009

9 邹玉堂等 . AutoCAD2008 实用教程[M]. 北京：机械工业出版社，2010